비행기에 관한
거의 모든
궁금증

베테랑 조종사가 들려주는
아찔하고 디테일한 비행기 세계

비행기에 관한
거의 모든
궁금증

신
지
수 지
음

책으로여는세상

상상에 대한 상상

오래전에 내가 다니던 항공사에서 비행과 관련하여 큰 소송을 벌인 적이 있었다. 항공 사고와 관련된 행정 재판이었는데, 그때 나는 사고조사 담당이라는 보직 때문에 해당 TF에 합류했었다.

그때 했던 여러 가지 일 중에 가장 어려웠던 일 하나가 판사에게 제출할 변론과 증거 문서들을 꾸미는 것이었다. 변론은 법적 형식에 맞추어 법적인 언어로 변호사가 작성했지만 항공 전문 지식이 인용된 부분은 TF 소속인 나와 엔지니어(정비사)가 함께 감수를 했었다. 변호인단은 유명 로펌의 잘나가는 에이스들로 구성되었지만, 아무래도 항공 지식에 한계가 있어 전문 지식이 필요한 분야는 가능한 한 주요 변론에서 배제하려고 노력했다.

그러나 첫 공판에서 판사가 비행 상황에 대해 연이어 질문을 던지자 순식간에 분위기가 달라졌고 원고측과 피고측 모두 긴장하기 시작했다. 판사는 직접적인 사실 확인뿐만 아니라 기본적인 항공 지식에 대해서도 많은 질문을 던졌다. 모든 것을 다 이해해야 판결을 할 수 있다는 입장으로 보였다. 판사가 요구하는 답변을 변론에 추가하기 시작하면서, 이제는 말이 감수지 문장의 표현뿐만 아니라 기본적인 논지와 맥락까지 상당 부분을 TF에서 수정하거나 새로 작성해야 했다. 불쌍한 변호사도 뜻하지 않게 항공역학에 대해 열공을 해야 했다.

처음에는 정확한 사실만 전달하려고 노력했지만 아무래도 그것만으로는 판사를 설득하기 어려울 것 같았다. 재판이 계속되면서 깨달은 것은 '정확한 사실' 못지않게 중요한 것이 바로 '맥락'을 구성하는 인용, 비유, 구성, 강조, 그리고 단어의 선택과 리듬(운율?)이라는 점이었다. 아무리 절묘한 논리가 있어도 그것을 설명하는 앞뒤 문구가 난해하여 눈꺼풀이 내려가면 판사도 그것을 놓치게 될 것 같았다. 특히 공판을 준비할 때는 피고가 반박하기 힘든 필살기를 준비해야 했다. 재판정에서 판사는 피고와 원고의 공방을 바라보며 서로가 어떻게 논리를 깨부수는지 진지하게 관전하고 있었기 때문이다.

따라서 우리는 '맥락'을 더 매력적으로 보이기 위해 노력했다. 그 '맥락'은 승소를 위한 일방향적인 것이었지만 속이 뻔히 보이지 않도록 적당히 화장을 하여 대놓고 맨얼굴을 드러내지 않았다. 함께 일한 엔지니어는 조금 거북함을 드러내기도 했다. 거짓을 쓰거나 사실을 왜곡하지는 않았지만(재판정에서 맹세도 했다!) 순수한 이과 공학도에게는 오직 사실 관계만 건조하게 병렬로 나열하는 것이 훨씬 마음 편했을 것이다. 반면에 나는 조종사지만 원래 타고난 문과생이다 보니 그 일이 오히려 매우 흥미 있었다.

이 책을 쓰면서 그때가 다시 생각났다. 이번에는 '승소'가 아니라 '재미'가 목적이다 보니 더 즐거웠다. 조금 더 상상의 영역이 넓게 펼쳐진 기분? 그런 유쾌함이 있었다. 사실 13년 전《나의 아름다운 비행》을 출판한 이후에 많은 질문을 받았었다. 주로 조종사를 꿈꾸는 젊은이들이다 보니 질문들은 꽤 진지했다. "나도 조종사가 될 수 있을까요?", "조종사가 되려면 어떻게 해야 하나요?"처럼 현실적인 조언을 구하기도 했고, "조종하면서 제일 즐거울 때가 언제인가요?", "어디로 비행할 때가 제일 좋은가요?"처럼 스스로 꿈을 더 키우려는 기대에 찬 질문도 많았다. 하지만 나는 별로 진지하게 대답해주지 못했던 것 같다. 이

일이 소풍 가듯 늘 재미만 있는 것도 아니었고 내가 생각하는 대답이 과연 정답인지도 스스로 확신할 수 없었다. 뭐 지금도 마찬가지다.

그에 비해 이번 책은 순전히 재미를 위해 유쾌하게 쓰려고 노력했다. '재미있는 대답'을 위해 나도 마음을 단단히 먹고 글을 쓰기 시작했다. 나름 상상을 펼쳐 기발한 논리를 찾으려 했는데, 막상 질문들을 여러 번 반복해서 읽다 보니 오히려 질문들이 더 기발하고 재미있어 보이는 역조 현상이 나타났다. 그냥 질문들을 훑어보았을 때는 몰랐는데 몇번이고 다시 읽고 답변을 생각해내다 보니 일반인들이 상상하는 세계가 조금씩 상상되었다. 상상에 대한 상상(?). 책의 주제가 꽤 전문성이 있는 교양 분야인데 온통 상상으로 가득 차다 보니 '이거 이래도 돼나?' 하는 생각도 들었다. 하지만 이런 분위기에서 시작한 작업이 무척 즐거웠고 재미를 추구하는 데 더 집중할 수 있었다. 물론 너무 재미를 추구하다 보니 논란이 될 만한 부분도 있을 것 같다. 그래서 이 책이 출간된 후 독자들의 의견을 적극적으로 들으려 한다.

마지막으로, 그동안 오랫동안 받아온 질문인 "조종실에서 보는 세상은 어떤가요?", "조종실에서 보는 가장 아름다운 광경은 무엇인가요?"에 대한 개인적인 답을 이 책의 에필로그에 적어보자 한다. 그렇다고 너무 큰 기대는 하지 마시고….

chapter. 2

비행기에 관한
치극히 합리적인 궁금증들

chapter. 3

잡스럽지만 왠지 궁금한
비행기 세상

chapter. 1

비행기 탈 때면 떠오르는
아찔한 질문들

일러두기

1. 모든 각주는 지은이 주이며, 괄호글로 표기하였습니다.
2. 단위는 한글과 영문을 섞어서 사용했습니다.

"태평양 한가운데에서 비행기가 고장 나면 어떡해요? 어디 세워서 비행기를 고쳐야 할 텐데, 어디로 가야 하죠? 괌? 하와이? 어디든 무지 멀어 보이는데, 혹시 항공모함에 잠깐 내릴 수는 없나요? 그냥 고장이 나지 않기를 기도해야 하나요?"

이 질문은 꽤 여러 사람들이 궁금해했다. 그래서 어떻게 이야기를 풀어갈지 고민을 좀 했다. 비행을 잘 아는 사람이라면 해답은 명쾌하지만, 일반인들에게는 쉽게 설명하지 못하면 엄청 재미없을 주제이기 때문이다. 아, 세상에 쉬운 질문은 없다. 그래도 도전, 큐!

• • •

✈ 급해요! 비행기 좀 세워 주세요!

우선 '태평양 같은 대양을 횡단하다 갑자기 착륙을 해야 하
는 상황이 생긴다면?'의 맥락으로 시작해보기로 하자. 먼저 비
유를 좀 해보겠다. 자동차가 고속도로를 달리다 고장 나면 갓
길에 세우고 전화를 하면 된다. 그러므로 따로 비상상황에 대
비한 플랜을 세워둘 필요까지는 없다.

그런데 조금 다른 가정을 해보자. 만약 운전자가 과민성대장
증후군을 앓는 사람이라면 어떨까? 장거리 여행을 떠나기 전
에 '화장실 비상'에 대한 예상 플랜을 반드시 세워야 할 것이다.

일단 얼마나 자주 화장실에 가는지 통계를 내고, 어느 정도

의 간격으로 휴게소가 있어야 안전할지 분석을 한다. 대략 1시간에 한 번 정도는 화장실에 가야 할 것 같으므로 최소한 80km마다 휴게소가 있는 루트를 찾기로 한다. 대략적인 루트를 몇 가지 선택한 다음, 여행하려는 시간대에 도로가 막히는 구간이 있는지도 알아봐야 한다. 상습적으로 막히는 곳이 있다면 그 구간을 지날 때는 최소한 40km에 한 번씩 휴게소가 있어야 할 것이다. 하지만 통계는 통계일 뿐. 화장실에 다녀온 지 10분 만에 또 화장실을 급하게 찾아 헤맸던 과거의 악몽을 떠올리면 도대체 어떤 변수가 생길지 몰라 도저히 안심이 되지 않는다. 따라서 휴게소와 휴게소 사이에 고속도로를 잠시 빠져나가 화장실에 갈 수 있는 주요 지점들을 미리 찾아둔다. 급하다고 무

ⓒ신지수

화장실 가고 싶은데 . . .

턱대고 고속도로를 빠져나갔는데 아무리 찾아도 화장실이 나타나지 않으면 그런 낭패도 없을 것이다.

이런 조건들을 만족하는 루트를 만들어보니 쭉 고속도로로 달리는 것보다 거리도 시간도 더 걸린다. 차이가 너무 크면 시간 낭비에 기름값도 많이 드니 최저 기준을 충족하는 가장 가깝고 빠른 루트를 선택해야 한다. 고민 끝에 완벽한 루트를 짰지만 그래도 왠지 불안하다. 도중에 어떤 일이 생길지 아무도 모르기 때문이다. 그래서 최후의 방어를 위해 휴대용 간이 화장실과 성인용 기저귀를 준비하기로 한다. 좀 지저분한 비유이지만 태평양을 건널 때에도 이런 개념으로 비행 계획을 세운다고 보면 이해가 쉬울 것이다.

 EDTO가 뭐야?
가능한 한 쉽게 설명해보자. 도전!

비행기가 목적지까지 가지 못하고 도중에 착륙을 해야 하는 상황은 여러 가지다. 질문처럼 비행기에 심각한 고장이 생길 수도 있고, 기내에 급한 환자가 생길 수도 있다. 비행기는 이륙하기 전 '비행 계획'이라는 것을 세워 관제기관에 제출한다. 계획을 세울 때 안전한 운항을 위해 의무적으로 지켜야 하는 조건들이 정해져 있다. 그중 하나가 비상상황으로 회항할 경우를 대비해 비행 내내 가까운 거리에 공항이 있도록 루트를 짜는 것이다. 항로상 어느 지점에서든 60분 이내의 거리에 공항이 있어야 한다.

하지만 언뜻 생각해도 태평양을 건널 때 60분마다 공항이 있을 것 같지 않다. 태평양뿐만 아니라 대서양, 인도양, 시베리아, 북극, 남극, 히말라야 오지 등등 공항이 드문 지역은 지구상에 여러 군데 있다. 그렇다면 이런 지역은 어떻게 비행할 수 있을까?

결론부터 말하자면 EDTO(Extended Diversion Time Operation), 우리말로 번역하면 '회항시간 연장운항'이라는 국제적인 운항 표준이 있기 때문에 가능하다. 쉽게 말해 60분 내에 착륙할 공항이 없는 지역을 운항할 때 60분보다 더 긴 시간을 회항(Diversion)에 사용할 수 있도록 허용하는 운항 방식이다.

그러나 안전을 생각한다면 가능한 가까운 공항에 회항할 수 있어야 할 텐데, 60분보다 더 먼 거리의 공항으로 회항하도록 허가하는 기준은 무엇일까? 어디서 그런 자신감이 생기는 것일까? 그 기준은 바로 '비행기의 신뢰도'이다. 즉, 비행기의 성능과 기술이 점점 발전하면서 비행기의 고장도 줄어들고, 설사 고장이 나더라도 두세 시간 동안 안전하게 회항 공항까지 비행할 수 있다는 확신이 생겼기 때문이다. 그런 믿음이 위험을 조금 더 감수하더라도 비행 시간을 획기적으로 줄일 수 있게 하였다. 비상공항들을 따라 고불고불 항로를 구성할 필요 없이 시원하게 바다를 가로질러 비행할 수 있게 되었으니, 시골길에 고속도로가 놓인 셈이 된 것이다.

EDTO에도 등급이 있다. 예를 들어 90분, 120분, 180분, 240분, 330분, 370분 등등. 예를 들어 EDTO 120분이 허가되었다고 하면 항로 중 120분 안에 착륙할 수 있는 거리에 교체공항이 있으면 된다는 뜻이다. 보통 EDTO 240분이면 지구상에 직선으로 비행하지 못할 루트가 거의 없다. 180분 정도만 허가되어도 서울에서 태평양 한복판을 건너 LA까지 가는 데 큰 무리가 없다.

만약 EDTO가 120분만 허가되어 있다면 좀 더 북쪽으로 올라가는 항로를 택해야 한다. 일본 열도와 캄차카반도에 있는 공항들까지 120분 안에 회항할 수 있는 거리를 유지하며 비행해야 하기 때문이다. 만약 EDTO 허가를 받지 못했다면 어떻게 해야 할까? 거의 해안선을 따라 비행해야 한다. 일본 열도, 러시아, 캄차카반도, 알래스카와 캐나다 연안을 따라 날아야 한다는 이야기다. 태평양 한복판을 건너는 것보다 몇 시간이 더 걸릴 것이다.

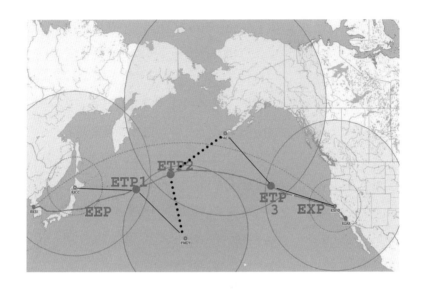

 EDTO라고 다 같은 EDTO가 아니야,
고퀄이 따로 있다고!

　그렇다면 어떤 비행기에 어떤 등급이 매겨지는 것일까? 앞서
간단히 언급했듯이, 더 신뢰성이 높고 더 안전한 비행기에 더
높은 등급을 준다. 370분까지 허가받을 수 있는 비행기는 가장
최신 기종인 에어버스사의 A350이다. 성능이 더 좋고 최신 장
비가 더 많이 장착되어 있는 비행기는 더 높은 등급을 받을 수
있다. 또 장착된 엔진이 더 낮은 고장률을 기록하면 등급을 더

높게 받을 수 있다. 엔진 개수가 더 많은 3발 또는 4발 엔진 비행기는 같은 조건에서 2발 엔진 비행기보다 더 높은 등급을 받을 수 있다.

항공기에만 허가를 내주는 것은 아니다. 항공사의 운영 능력도 중요한 요인이기 때문에 같은 기종의 비행기라 해도 운항 경험, 운항 통제 능력, 조종사 자격과 훈련 등을 고려해 항공사마다 등급을 다르게 허가할 수 있다. 여기서 중요한 요소 가운데 하나가 조종사 훈련이다. EDTO를 운항하려면 조종사는 관련된 훈련을 받고 운항 자격을 따야 한다.

훈련받는 내용을 여기서 자세히 설명하면 끝까지 읽을 사람이 없을 것 같다. 대신, 훈련 목적을 쉽게 비유해서 말하자면, 앞서 과민성대장증후군의 예처럼 운항 도중 발생할 수 있는 긴급한 상황에 대처해 항공기를 안전하게 화장실에 세울 수 있는 플랜 B, 플랜 C를 관리하는 것이다. 180분 거리 내에 하나씩 있는 교체공항이 고속도로 휴게소라 가정하고, 항로 중 어느 지점에서 어느 휴게소가 더 가까운지, 어느 휴게소가 문을 열었고 어느 휴게소 화장실이 공사로 폐쇄 상태인지, 또는 어느 휴게소 주유소가 더 기름값이 싼지 등등 여러 조건을 고려해 의사 결정을 내릴 수 있도록 훈련받는다고 이해하면 되겠다.

📍 교체공항 선정? 아무리 급해도 바늘허리 매어 쓸 수는 없지

조금 더 덧붙여 말하자면, EDTO의 항로상 교체공항은 아무 공항이나 정하면 되는 것이 아니다. 운항하고자 하는 항공기가 내릴 수 있는 충분한 활주로 길이가 확보되어 있어야 하고, 항법 시설과 소방 시설도 갖추고 있어야 한다. 무엇보다 운항 시간대에 기상 상황이 착륙에 적합한 조건을 충족해야 한다. 아무리 크고 좋은 공항이라도 당일 안개가 자욱해 착륙하지 못한다면 회항 공항으로서 역할을 할 수 없다.

고속도로 휴게소가 EDTO 교체공항이라면, 중간중간 고속도로 램프를 잠시 빠져나가 들를 수 있는 화장실은 항로상 비상공항들이다. 이런 비상공항들은 교체공항으로 선정할 수 없는 더 열악한 공항이지만 정말 긴급한 비상상황에서는 메이데이를 외치며 착륙해야 한다. 따라서 비행하면서 주변에 있는 이런 공항들도 잘 체크해두어야 한다.

✈️ 그래도 도저히 교체공항까지 갈 수 없다면?

이렇게 철저하게 비행 계획을 세워도 뜻하지 않은 긴급한 상황이 생길 수 있다. 진압할 수 없을 정도의 비행기 화재, 연료

누출, 모든 엔진 고장, 조종 불능 등 발생 확률은 거의 없지만 그래도 도저히 교체공항까지 갈 수 없는 상황이 발생할지도 모른다. 모든 비상상황이 계획된 범주 안에서만 일어나주면 좋겠지만 항상 착하게만 살지 않은 사람들은 최악의 상황도 대비해야 한다. 과민성대장증후군으로 고생하는 운전자가 휴대용 변기나 기저귀를 챙기듯, 대양을 횡단하는 비행기는 기내에 구명조끼와 구명정, 조난 신호 송출기 등을 준비해두어야 한다. 착륙할 곳이 없으면 바다 위에 내리는 '딧칭(Ditching)'을 해야 하기 때문이다. 딧칭 지점은 가능한 구조되기 쉬운 위치로 정해야 하며, 관제기관에 조난 위치를 알려주고 'ELT(Emergency Locator Transmitter)'라고 하는 '조난 신호 송출기'를 작동시켜 가능한 한 빨리 구조받을 수 있도록 해야 한다.

 ### 근데, 질문이 뭐였지?

정신없이 글을 써 내려가다 보니 원래 질문이 '태평양 한가운데서 비행기가 고장 난다면?'이라는 것을 잊고 있었다. 샛길로 빠진 것 같아 어떻게 마무리할지 고민을 좀 했다. 그래서 다음 편에는 상상력을 동원해 태평양 한가운데서 정말로 비행기가 고장 나면 어떻게 될지 소설처럼 써보겠다. 가능한 한 흥미 있게! 흥미 있게? 이런 글 막 써도 괜찮을까? 이러다 진짜 일어나면 큰일 나는데!

태평양 한가운데서 비행기가 "진짜" 고장 난다면?

마침 비행기에서 이 글을 쓰고 있다. 설마 상상이 현실이
되진 않겠지?

절대로 흔히 일어나는 일은 아니다. 나도 경험해본 적이
없는 일이니 안심하고 읽어주기 바란다. 큐!

・ ・ ・

✈ 태평양 횡단 시작!

서울을 출발해 LA를 향해 날아가는 비행기. 일본 본섬을 지나 드디어 태평양 상공에 들어섰다. 이제 일본 동북 지방의 공항들과 멀어지며 앞서 말한 EDTO(Extended Diversion Time Operation) 운항을 시작할 때가 되었다. 부기장 피터가 체크리스트에 따라 이런저런 데이터를 확인하더니 기장 제프에게 보고를 한다.

"기장님, 오늘 EDTO 항로 교체공항은 삿포로, 미드웨이, 앵커리지 공항이고, 기상 예보 모두 양호합니다. 연료 이상 없고, 비행기 시스템 정상입니다. EDTO 운항을 시작하시겠습니까?"

"오케이, EDTO 진입합시다."

EDTO 항로상 첫 번째 교체공항은 삿포로 치토세 공항이었다. 두 번째 공항은 미드웨이 공항, 세 번째 공항은 알래스카의 앵커리지 공항이었다. 비행 중 어디서든 3시간 안에 이들 공항 중 한 곳으로 회항할 수 있도록 항로가 구성되어 있다. 각 공항들을 중심으로 3시간 거리 반경으로 원을 그려 그 안에 항로가 이어지도록 계획을 세운 것이다.

항로를 따라가다 보면 ETP(Equal Time Point) 지점이 있다. 이

지점은 두 개의 교체공항까지 가는 시간이 서로 같아지는 지점이다. 비상상황이 발생하면 이 지점을 기준으로 어느 공항으로 갈지 빨리 결정할 수 있게 된다. 첫 번째 ETP는 삿포로와 미드웨이로 회항할 때 각각 같은 시간이 걸리는 지점이었다. 태평양에 진입한 지 몇 시간이 지나 이 지점을 통과했고, 피터는 제프 기장에게 이를 보고했다.

"기장님, 첫 번째 ETP를 통과합니다. 이제부터는 삿포로보다 미드웨이가 더 가깝습니다. 미드웨이로 가는 백업 루트를 FMS(Flight Management System : 비행관리 컴퓨터 시스템)에 입력하겠습니다."

백업 루트는 실제로 가는 항로가 아니라 비상시를 대비해 FMS에 백업으로 저장만 해두는 항로다. 그러면 실제로 비상상황이 발생했을 때 간단한 조작만으로 쉽게 비행 계획을 변경할 수 있다. 마치 자동차의 내비게이션에 경로를 변경하듯 말이다.

 뭔가 심상치 않은 계기판의 표시들

정오에 인천공항을 출발했는데 벌써 해가 저물기 시작했다.

동쪽으로 비행하고 있으니 해가 넘어가는 속도도 빠르다. 주기
적으로 비행기 시스템을 점검하던 부기장 피터가 조금 긴장된
목소리로 제프 기장에게 말을 걸었다.

"기장님, 우측 엔진…엔진오일량이 좀 비정상적인 것 같습니
다. 출발할 때 20쿼트(Quart : 액상 등의 부피를 재는 단위. 1쿼트는 약
0.95리터이고, 1/4갤런이다)였는데 지금 11쿼트밖에 안 돼요."

"엔진이 돌아가고 있으니 오일량도 줄어든 것 아니야?"

"아닙니다. 왼쪽 엔진은 14쿼트입니다."

"음, 엔진 온도와 바이브레이션은 정상이네. 계속 관찰해보
자. 우측 엔진이 더 오래된 엔진이라 오일을 더 많이 먹는지도
몰라."

제프는 일단 상황을 지켜보자고 제안했다. 만약 오일이 조금
씩 새고 있는 것이라면 엔진이 과열될 것이고, 엔진이 멈출 수
도 있다. 비행기는 미드웨이섬 부근을 지나 계속 동쪽을 향해
날고 있었다. 미드웨이에 이어 다음 교체공항은 앵커리지다.
앵커리지와 미드웨이 두 공항 사이의 ETP에 도착하는 시간은
약 1시간 30분 후다. 엔진오일은 조금씩 줄어들고 있었고, 제프
와 피터는 초조하게 상황을 바라보고 있었다.

엔진아, 조금만 버텨 다오

약 1시간이 지났을 무렵, 우측 엔진의 엔진오일량은 현저하게 떨어져 있었다. 이대로 가면 머지않아 엔진을 꺼야 하는 상태가 될 것 같았다. 제트 엔진은 터빈의 힘으로 추진력을 만들어낸다. 엔진오일은 회전운동을 하는 터빈의 윤활과 냉각을 돕는다. 엔진오일이 부족해지면 엔진은 과열되고 엔진 내부에 큰 손상이 생겨 결국 엔진이 멈추게 된다. 제프 기장이 피터에게 물었다.

"피터, ETP까지 얼마나 남았지? ETP 전에 엔진 경고가 뜨면 미드웨이로 회항해야 하는데…. 문제가 생기더라도 웬만하면 앵커리지로 가야 할 텐데."

"20분 남았습니다. 엔진오일이 줄어드는 속도가 조금 느려진 것 같기도 합니다. 30분째 비슷한 양을 유지하고 있습니다. 이대로 LA까지 갈 수 있으면 좋겠는데…."

미드웨이로 회항을 하면 엔진 정비와 승객 서비스 지원이 더 열악하게 된다. 더 큰 공항인 앵커리지로 가는 것이 승객들을 연결 편으로 LA까지 보내고, 엔진을 수리하기도 더 쉽다. 하지만 ETP 이전에 비상상황이 되면 어쩔 수 없이 미드웨이로 가야 한다. 비상상황인데 편리함 때문에 더 먼 공항으로 갈 수는 없기 때문이다.

🔴 결국 엔진을 꺼야 하는 상황

다행히 엔진은 ETP를 지날 때까지 30분을 더 버텨주었다. 엔진오일 감소가 한동안 멈춰서 그대로 LA까지 갈 수 있을지 모른다는 기대도 했다. 그러나 다시 엔진오일이 급격하게 줄어들기 시작했다. 제프와 피터의 희망을 저버리고 '엔진오일 레벨 로우(Engine oil Level Low : 엔진오일량이 줄어들어 엔진이 정상적으로 작동하지 못할 수 있다는 경고. 필요한 조치를 취하지 않으면 엔진에 큰 손상이나 화재가 발생할 수 있다)' 경고등이 켜졌다. 제프 기장이 피터에게 체크리스트를 주문했다.

"엔진오일 레벨 로우 체크리스트(Engine oil Level Low Checklist)!"

비행기 매뉴얼에는 발생 가능한 여러 가지 상황에 대한 비상 대응 절차가 '체크리스트'의 형식으로 마련되어 있다. 체크리스트는 단지 고장 탐구와 해결(Troubleshooting)에 국한된 것이 아니라 비상상황에 대응할 수 있는 실질적인 가이드를 제공한다. 쉽게 말해서, 고장 난 부분이 복구되지 못할 경우 고장 난 채로 비상착륙 할 수 있는 가장 안전한 방법까지 제시하는 것이다. 결국 경고등이 켜지자 제프 기장은 해당 체크리스트를 찾아 읽어 달라고 피터에게 명령한 것이다.

"예, 쓰러스트 레버 아이들(Thrust Lever Idle)."

피터가 해당 체크리스트를 찾아 첫 번째 항목을 읽어주었다. 엔진오일량이 적은 상태이므로 엔진을 보호하기 위해 가장 먼저 추력 레버(Thrust Lever)를 아이들(idle : 최소 회전 상태. 자동차의 공회전과 비슷한 개념임) 상태로 줄여 엔진의 출력을 최소로 줄이라는 것이다. 제프는 피터가 읽어주는 항목을 앵무새처럼 복창하면서 조작하기 시작했다.

"우측 엔진 확인. 쓰러스트 레버 아이들!"

우측 엔진을 확인하는 이유는, 혹시라도 오른쪽과 왼쪽 엔진을 혼돈하지 않기 위해서이다. 고장 난 엔진은 우측 엔진인데, 행여나 왼쪽 엔진을 조작하면 상황은 더욱 더 악화될 것이다.

"엔진 계기 상태 재확인!"

"재확인. 음… 엔진 온도가 점점 높아지고 있다. 오일이 위험한 수준까지 새어 나간 것이 확실해 보인다. 엔진 시동을 꺼야 되겠다. 피터, 어떻게 보이나?"

"기장님 의견에 동의합니다. 계속 체크리스트 이어서 수행하겠습니다."

제프와 피터는 체크리스트에 따라 엔진 시동을 껐다. 엔진에 무리가 가서 화재나 폭발이 일어나지 않도록 미리 엔진을 꺼버리는 것이다. 이제 비행기는 태평양 한가운데서 한 개의 엔진만으로 날아야 한다.

여기서 잠깐, 모든 쌍발 엔진 비행기는 두 개의 엔진 중에 한 개가 작동을 멈추어도 계속 비행해서 착륙까지 할 수 있도록 설계되어 있다. 엔진이 세 개 혹은 네 개가 장착된 비행기는 엔진 두 개까지 꺼져도 비행을 할 수 있다. 이것은 법적으로 요구되는 설계 요건이다. 엔진 고장이 일어나는 경우 중 가장 위험한 순간이 이륙할 때인데, 공중에 부양하기 직전에 엔진이 꺼져도 조종사가 적절한 대응조작을 할 경우, 비행기는 활주로 말단을 최소 35피트, 약 11미터 이상의 상공으로 통과할 수 있도록 성능 설계를 해야 한다.

한쪽 엔진이 꺼지면 추력이 절반으로 감소되는 동시에 비대 칭이 되어 비행기 자세가 흐트러지고 고도를 유지하기 어려워 질 수 있으며 조종이 더 힘들어진다. 그러므로 절차에 따라 정 확히 대응조치를 할 수 있는 조종사의 스킬이 필요하다. 하지 만 일단 엔진이 고장 나면 비행 자세가 안정되었다 하더라도 더 이상 계획대로 비행을 할 수 없다. 가까운 공항에 착륙해야 한다. 나머지 한 엔진이 두 개의 몫을 해야 하니 더 이상 정상 적인 비행을 할 수 없게 되고, 특히, 여유분 없이 하나만의 엔진 으로 비행하다 나머지 엔진마저 고장 나면 매우 위험한 상황이 되기 때문이다.

그런데 여기서 또 의문이 생긴다. 그렇다면 엔진이 하나만 달 린 비행기는 어쩌라고? 하나가 꺼지면 그냥 추락 아닌가? 단 발엔진 항공기는 보통 경비행기나 곡예비행기, 군대의 훈련기, 전투기 등에서 볼 수 있는데, 경비행기는 속도가 느린 만큼 활 강 성능이 좋고 착륙 거리가 짧아 개활지에 비상착륙이 가능하 고, 고성능의 곡예비행이나 전투기는 사람이 낙하산을 메고 탄 다. 보통의 승객들은 특별한 경우가 아니면 이런 비행기를 타 지 않으며, 우리가 주로 이용하는 일반 항공사의 운송용 항공 기는 모두 다발엔진 항공기를 사용한다.

한 개의 엔진만으로 날 때 일어나는 일들

제프가 피터에게 물었다.

"드리프트다운 고도가 얼마지?"

드리프트다운(Drift Down)이란 한 엔진이 고장 났을 때 나머지 엔진만으로 유지할 수 있는 고도까지 천천히 강하하는 것을 뜻한다. 당시 비행 고도는 37,000피트(11,200미터)였다. 엔진 하나를 꺼버리니 추력이 절반으로 줄어 더 이상 이 고도를 유지할 힘이 없었고, 만약 무리하게 같은 고도를 유지하면 속도가 계속 줄어들어 비행기가 추락하게 될 것이다. 순항 고도를 낮추어 강하하면 공기 밀도가 높아져서 더 적은 힘으로 고도와 속도를 유지할 수 있다. 따라서 비행기는 엔진 하나로 유지할 수 있는 고도까지 천천히 강하해야 한다. 제프는 강하해야 하는 적정 고도를 피터에게 계산해 달라고 요구한 것이다.

"28,000피트(8,200미터)입니다."

FMS를 확인하고 피터가 대답했다. 이제 천천히 28,000피트로 강하해야 한 개의 엔진만으로 계속 비행을 이어갈 수 있다. 제프는 살아 있는 하나의 엔진을 최대 출력으로 맞추고 비행기의 방향을 우측으로 틀어 항로를 벗어나기 시작했다. 항로 중심에서 그대로 강하를 하면 아래 고도에서 비행하고 있는 다른 비행기와 충돌할 위험이 있기 때문이다. 우선 방향을 틀어 항로 중심을 벗어난 후 강하를 해야 안전하다.

"메이데이, 메이데이, 메이데이, 엔진 고장으로 하나의 엔진을 셧다운(Shut Down) 하였다. 우측으로 항로를 벗어나고 있다. 28,000피트로 강하를 요청한다."

피터가 체크리스트를 수행하는 동안 제프가 관제사에게 비상상황을 알리고 강하를 요청했다. 미국의 오클랜드 대양 관제소는 비행기 위치를 확인하고 강하를 허락해주었다.

"메이데이 상황 접수되었다. 드리프트다운을 허가한다. 필요한 사항이 있으면 언제든 요청하라. 스탠드바이 하고 있겠다."

다행히 통신이 잘 유지되어 관할 관제소와 수월하게 의사소통을 할 수 있었다. 비행기는 항로를 벗어나 28,000피트로 서서히 강하하기 시작했다. 항로 중심으로부터 충분히 벗어나자 다시 원래 비행 방향으로 선회해 항로와 평행하게 날기 시작했다. 이제 비행기는 안정을 찾았고, 엔진 하나만으로 운항하기에 최적화된 자세와 출력을 유지했다. 제프 기장이 피터에게 말했다.

"앵커리지로 회항해야 할 것 같다. 앵커리지까지 가는 시간과 연료를 계산해주게."

피터는 FMS로 앵커리지까지 가는 시간과 연료를 계산한 후 대답했다.

"앵커리지까지 1시간 53분, 연료는 도착 후 35,000파운드가 남는 것으로 계산됩니다."
"좋아. 앵커리지 현재 기상을 확인해봐."

제프 기장의 지시에 피터는 앵커리지 기상을 데이터 통신으로 받아보았다. 날씨는 착륙하기에 문제가 없는 좋은 날씨였다.

"날씨도 좋고, 연료도 문제가 없다. 피터, 마지막으로 위성전화로 본사에 확인해보자."

제프는 위성전화를 걸어 본사와 통화했다. 비상을 선포했기 때문에 본사 통제센터도 이미 상황을 알고 있었다.

"기장님, 비행 계획상 앵커리지가 현위치에서 가장 가까운 교체공항입니다. 현재 앵커리지 날씨도 좋고, 비상착륙을 위한 시설도 좋습니다. 착륙 후 계약된 지상 조업사가 도와줄 겁니다. 또 시애틀에서 저희 직원이 앵커리지를 향해 곧 출발할 수 있습니다. 여러 가지 상황을 고려해서 앵커리지로 회항하는 것이 가장 신속하고 안전하게 비상상황에 대처하는 방법인 것 같습니다."

 교체공항, 앵커리지로!

휴식 중이던 릴리프 기장(Relief Captain) 조셉도 제프의 부름을 받아 조종실에 들어왔다.

"제프, 무슨 일이에요? 한참 재미있는 영화 보고 있었는데."
"어서 오게. 조셉, 미안하지만 오늘 휴식은 이제 끝난 것 같아.”

릴리프 기장이란 장거리 비행에서 조종사가 휴식할 수 있도록 근무 교대를 해주는 기장을 말한다. 조종사는 안전을 위해 하루 8시간 이상 비행을 할 수 없게 되어 있으며, 8시간이 넘는 장거리 비행에는 릴리프 조종사가 함께 탑승한다. 이 비행은 책임 기장인 제프, 릴리프 기장인 조셉, 부기장 피터 이렇게 3명이 교대로 휴식을 취하며 비행하고 있었는데, 이렇게 3명이 비행할 경우 릴리프 조종사는 반드시 조셉처럼 기장 자격을 갖춘 사람이 맡는다. 기장과 부기장을 차례로 휴식시켜야 하기 때문이다. 기장은 기장과 부기장 모두를 교대해줄 수 있지만, 부기장은 오직 부기장만 교대해줄 수 있다.

“조셉 기장님, 제가 브리핑해 드리겠습니다!”

피터는 조셉에게 지금까지의 상황을 설명해주었다. 제프는 통제센터의 조언과 여러 가지 정보를 조셉, 피터와 함께 검토하였고, 최종 의견을 물어보았다.

“조셉, 피터, 어떻게 생각해? 앵커리지로 회항하는 데 동의하나?"

조셉이 먼저 대답했다.

"네, 고장 난 엔진은 잘 시큐어(Secure : 엔진이 고장 난 경우, 엔진
의 동작을 정지시키고 엔진과 연결된 연료, 유압, 전기 계통 등을 차단해 안
전한 상태로 만드는 것) 되었고, 더 이상 상황이 악화될 징후가 없
으니 앵커리지로 회항하는 것이 가장 합리적인 결정일 것 같습
니다."

피터도 대답했다.

"저도 동의합니다."

제프는 책임 기장으로서 마지막 결정을 내렸다.

"통제센터, 조셉 그리고 피터의 의견을 종합해 저는 목적지
LA행 비행을 중단하고 앵커리지로 회항할 것을 결정합니다.
조셉은 일단 본사 통제실과 통화하며 필요한 정보를 모두 취합
해주시고, 피터는 관제소에 회항 결정을 보고하고 회항 준비를

하세요. 저는 사무장에게 상황을 알리고 승객들에게 설명하겠습니다."

✈ 비상상황일수록 더욱 중요한 팀워크

일사불란하게 분업이 이루어졌다. 우선 부기장 피터는 관제소에 회항 결정을 보고하고, 앵커리지로 가는 새로운 항로를 허가받았다. 관제소의 지시에 따라 FMS에 새로운 비행 경로를 입력하여 앵커리지를 향해 비행하기 시작했다. 얼마 후 앵커리지 관제소와 직접 VHF통신(초단파 무선통신)이 연결되어 더욱 쉽게 도움을 청할 수 있었다.

조셉은 본사 통제센터와 위성통화를 다시 연결하여 앵커리지 도착 후 계획을 논의했다. 통제센터의 운항관리사는 앵커리지 지상 조업사의 연락선과 통신 주파수를 알려주었고, 시애틀 지점의 직원이 승객들의 연결편을 돕기 위해 곧 앵커리지를 향해 출발할 것이라고 했다. 승객들은 앵커리지에 착륙 후 가능한 한 빨리 알래스카항공을 타고 LA로 갈 수 있도록 조치할 것이며, 시애틀의 우리 직원이 도착할 때까지 승무원과 승객들은 비행기에서 내리지 말고 기다려 달라고 부탁했다. 현지 조업사가 승객들이 내리고 입국 수속하는 것을 도와주겠지만 실수 없이 승객들을 연결편에 태우고 짐까지 부치려면 시애틀에서 출발한 직원의 도움과 인솔이 꼭 필요하기 때문이었다. 한편 엔진 교체를 위해 새 엔진이 화물기에 실려 인천을 출발할 것이며, 정비사들이 함께 갈 것이라고 했다. 엔진의 예상 도착 시간은 다음날 오후 즈음일 것이며, 승무원들은 일단 앵커리지 시내의 호텔로 이동해 비행기 수리가 끝날 때까지 이틀 정도 대기해야 할 것 같다고 했다. 승무원들이 묵을 호텔과 교통편을 곧 마련할 것이며, 앵커리지 도착 후 알려주겠다고 했다.

제프 기장은 처음부터 사무장과 의사소통을 하며 상황을 공유하고 있었다. 제프는 다시 사무장을 불러 회항 계획을 알려주고 객실 상황을 물어보았다. 사무장은 객실에서 벌어지는 상황을 간결하게 말해주었다. 아버지가 위독해 급히 LA로 가는 승객 한 명과 중요한 약속과 비즈니스 미팅이 잡혀 있다는 승객 한 명이 격앙된 목소리로 불만을 토로하고 있으며 고소공포증이 있다는 승객 몇 명이 공포에 질려 가슴이 답답함을 호소하고 있다고 했다. 하지만 모두 승무원들이 컨트롤할 수 있는 정도라고 했다.

제프는 차분한 목소리로 승객들에게 방송을 했다. 비행기 고장이 발생한 것은 유감이나, 비행기는 안전하게 통제되고 있으며 앵커리지에서 승객들을 가능한 한 빨리 목적지인 LA로 보내드리기 위해 최선을 다하겠다고 말했다.

◑ 하나의 엔진만으로 안전하게 착륙

드디어 앵커리지에 도착했다. 다행히 더 이상 상황이 악화되는 일 없이 안전하게 착륙했다. 한 개의 엔진만으로 착륙을 하는 것은 꽤 까다로운 일이다. 양쪽 엔진의 추력이 비대칭이 되고, 전체적인 파워도 줄어들어 조작이 더 어렵기 때문이다. 그러나 해마다 두 번씩 모의비행 장치에서 훈련했던 것처럼 제프 기장은 엔진 하나만으로 앵커리지 활주로에 사뿐히 내려앉았다. 3명의 조종사는 좋은 팀워크로 비상상황을 통제했고, 확신을 가지고 비행기를 안전하게 착륙시켰다. 객실승무원들은 긴장했지만 불안을 호소하는 승객들을 안심시키고 불만을 표시하는 승객들을 강하게 통제했다. 비행기가 고장 나 회항한 것은 항공사에게 책임이 있지만 비행기가 안전하게 착륙할 때까지 누구도 잘잘못을 따져서는 안 된다.

앵커리지에 접근해 착륙할 때, 하얀 빙하와 아름다운 도시 풍경은 마음이 불편한 승객들을 조금이나마 위로해주었다. 어떤 승객은 아마도 언젠가 꼭 여행하고 싶은 버킷리스트에 앵커리지를 새로 담았을 것이다.

지금 여러분이 타고 있는 비행기는 태평양 한가운데에서 고장 나도 고속도로 휴게실에 들러 잠시 쉬어가듯 가까운 공항에 착륙할 수 있도록 계획되어 있다. 또한 그 계획이 여의치 않을 경우 조종사들은 제2, 제3의 대안을 세울 수 있도록 훈련되어 있으며, 객실승무원들도 여러분을 안내하고 통솔하도록 잘 훈련되어 있다. 태평양 한가운데서 비행기가 고장 나면? 물론 생각만 해도 짜증 나는 일이지만, 여러분은 좌석에 앉아 기도를 하고 유서를 쓰는 대신, 망친 여행 계획을 다시 수정하는 일이 더 현실적인 대응방안이 될 것 같다. 그러니 이제 안심하고 푹 주무시도록.

비행기가 정해진 항로를 벗어날 때는 언제일까?

앞선 글에서 비행기가 비상상황이 되자 '메이데이'를 외치며 항로를 벗어났다. 정상적으로 고도와 속도를 유지할 수 없으면 이처럼 고속도로에서 갓길로 빠지듯 항로를 벗어나야 한다. 항로에는 많은 비행기들이 일정한 규칙으로 비행을 하고 있으므로 교통 흐름에 방해가 될 수 있기 때문이다. 비행기가 정해진 항로를 벗어나는 대표적인 경우는 이처럼 비행기의 고장, 갑작스런 악기상이나 심각한 난기류를 만났을 때, 화산재 조우 등과 같은 비상상황이다.

물론 비상상황이 아니어도 관제소의 허가를 받아 항로를 벗어날 때가 있다. 항로상에 놓인 위험한 구름을 피하고자 할 때, 지름길로 항로를 가로질러 가고 싶을 때 관제기관에 허가를 요청하면 상황에 따라 허가를 내어준다.

거꾸로 관제기관에서 먼저 비행기에게 항로를 벗어나도록 지시하는 경우도 있다. 비행기 간격을 맞추는 '교통정리'를 위해서다. 퍼즐을 맞추듯 비행기를 항로 밖으로 돌려 뒤로 빼거나, 반대로 항로를 가로지르게 하여 앞으로 빼낸다. 교통이 복잡한 공역에서 자주 일어난다.

항로를 벗어난 경우, 레이더 관제 영역에서는 주로 비행 방향, 즉 관제기관이 지시하는 방위를 따라 비행하고, 레이더가 없는 지역에서는 항로 좌측 혹은 우측 몇 마일까지 벗어나도 좋다는 허가를 받아 그 범위 안에서 비행한다. 지름길로 가는 경우는 주로 항로상 지점 대 지점으로 직접 비행하도록 허가를 받는다. 예를 들어 서울-대구-부산을 따라가는 항로에서 대구를 빼고 서울-부산으로 직접 날아가는 식이다.

엔진이 모두 꺼져도 활공해 착륙할 수 있을까?

엔진 하나만으로는 만족을 못 해? 갈 때까지 가보자 이 거지? 좋아, 어디 상상해보자. 이륙하자마자 새떼와 부 딪혀 엔진이 모두 고장 난 예는 '설리 기장'의 생생한 영 웅담이 있으니(영화 〈설리: 허드슨강의 기적〉 참조) 나는 좀 다른 시나리오를 골라보겠다. 그럼 어디 한번 가보자. 쫄깃쫄깃하게, 큐!

• • •

    소설을 쓰기에 앞서 테크니컬한 이해를 돕기 위해 자동차와 잠시 비교해보겠다. 고속도로 주행 중 엔진 시동이 꺼지면 어떻게 될까? 아마 핸들이 잠김 상태가 되고 브레이크도 작동하지 않을 것이다. 비행기도 마찬가지다. 엔진이 꺼지면 전기 계통, 조종 계통, 에어컨(여압) 계통이 모두 작동을 잠시 멈춘다.

    하지만 엔진이 꺼져도 자동차든 비행기든 관성의 법칙에 따라 계속 달리고 날아간다. 추진력이 사라지니 자동차는 속도가 서서히 줄어들 것이며, 비행기는 기수가 천천히 내려갈 것이다. 그 사이 운전자나 조종사는 통제 불능 상태를 통제 가능한 상태로 바꾸어놓아야 한다. 회복하기 어려운 상황으로 악화되기 전에 말이다.

말은 쉽지만 일단 정신줄부터 잡아야 한다. 자동차든 비행기든 죽음이 떠오를 수밖에 없는 공포스러운 상황이므로 살고자 발버둥치는 본능을 억제하고 최대한 침착하게 대응해야 한다.

잠깐, 이 시나리오에 등장하는 비행기는 에어버스 A330이다. 내가 제일 오래 탔고 잘 아는 기종을 선택했다. 기종마다 시스템과 절차가 다르니 이점 감안하고 읽어주시라. 그리고 비현실적인 상황을 억지로 끼워 넣어 시나리오의 완성도가 상당히 떨어짐을 미리 인정하니 '항덕'들께서는 좀 살살 비판해주기 바란다.

✈ 해피하지 않은 해피항공

해피항공 111편은 미국 시애틀을 출발, 인천공항을 향해 야간 비행을 하고 있었다. 캄차카반도 남쪽을 지날 무렵, 긴급 기상경보가 발령되었다. 거대한 화산 폭발로 화산재 구름이 빠른 속도로 상승하고 있다는 내용이었다. 베테랑 기장 '안전방'은 걱정스러운 표정으로 창밖을 살펴보았다. 초승달마저 져버린 칠흑 같은 어둠 속이라 아무것도 보이지 않았다. 안 기장이 '강하율' 부기장에게 말했다.

"우리 위치랑 가까운 것 같은데 화산 구름이 어디까지 올라온 거야? 설마 아직 40,000피트(12,000미터)까지는 안 올라왔겠지?"

"안 기장님, 제가 지금 좌표를 받아 위치를 그려보겠습니다."

강하율 부기장이 내비게이션 디스플레이에 표시하기 위해 좌표를 입력하기 시작했다. 강 부기장은 아직 새내기 티를 벗지 못한 풋풋한 청년이었다. 그때 비상 주파수에서 긴급한 목소리가 들렸다.

"일본항공 878편, 팬팬! 팬팬! 화산재 조우로 경로를 이탈한다. 060 방위각으로 우선회한다."

팬팬(Pan-Pan)은 긴급을 알리는 표준 무선 구호로, 우리가 잘 아는 메이데이(May-day)보다 한 단계 낮은 수준의 비상을 알리는 용어다. 안 기장이 강 부기장에게 다급한 목소리로 물었다.

"헐, 저 비행기 고도가 얼마지?"

"33,000피트 같습니다. 우리보다 훨씬 낮은 고도입니다. 여기까지는 아직 안 올라왔겠죠?"

© 신지수

잠시 후 도쿄 관제소에서 해피항공을 불렀다. 일본항공 비행기가 긴급 유턴을 해버리자 20마일(32km) 정도 뒤따라가는 해피항공 111편의 상황을 확인하기 위해서였다. 강 부기장이 대답을 하려는 순간, 안 기장이 무언가를 발견하고 강 부기장의 어깨를 탁탁 쳤다.

"어… 어… 엔진 N1(제트 엔진의 주축. 여기서는 이 주축의 회전을 나타내는 계기를 뜻한다. 자동차와 비교하면 엔진 RPM 같은 것이다)이 이상해. 유황 냄새도 난다."

"속도계도 이상해요. 속도가 너무 적어요!"

속도가 평소보다 낮게 지시되고 있었고, 엔진 계기는 뭘 잘못 먹고 체한 것처럼 꿀렁대기 시작했다. 불규칙한 계기의 움직임에 따라 엔진이 헛구역질을 해댔고 구역질이 올라올 때마다 해머로 내리치는 듯한 소음과 진동이 느껴졌다. 안 기장은 얼른 랜딩 라이트를 켜보았다. 조금 전까지만 해도 칠흑 속에 아무것도 비치지 않았던 하늘이 어느새 구름으로 가려져 있었고, 회색 함박눈이 창을 때리기 시작했다. 화산재 구름이 4만 피트까지 올라온 것이다.

"얼른 빠져나가자! 팬팬, 보고해!"

안 기장이 급하게 방위를 틀어 180도 유턴을 시작했다. 180도 유턴은 화산재 조우시 가장 먼저 실시해야 하는 초도 대처다.

"팬팬! 팬팬! 팬팬! 해피항공 111편 화산재 조우로 우선회한다! 고도 39,000피트, 위치는 북위 XXXX.X 동경 XXXX.X 오버!"
"마스크도 쓰자! 산소마스크!"

안 기장은 급하게 선회를 하면서 주섬주섬 산소마스크를 썼다. 산소마스크에 달린 고글 너머로 계기판을 뚫어져라 보고 있는데, 깔딱깔딱 거친 숨을 몰아쉬던 오른쪽 엔진이 결국 스르르 꺼지고 말았다. 경고등과 함께 엔진 고장 체크리스트가 화면에 떴다. 강 부기장이 소리쳤다.

"엔진 페일! 체크리스트 스탠드바이!
잠깐만! 왼쪽 엔진도 … 플리즈 … 제발!"

 오 마이 갓, 올 엔진 페일!

오른쪽 엔진에 이어 왼쪽 엔진도 똑같은 증상을 보이더니 안 기장과 강 부기장의 간절한 애원을 외면한 채 결국 멈추고 말았다. '껌뻑' 하는 소리와 함께 부기장 쪽 계기들이 모두 꺼졌다. 실내등도 모두 꺼지고 오직 기장 쪽 계기들만 홀로 반짝였다. 두 엔진이 더 이상 전기를 생산하지 못하게 되자 배터리가 비상 전원을 공급하기 시작했고, 전력을 아끼기 위해 기장 쪽 계기를 제외한 조종실의 모든 전기를 차단한 것이다. 머뭇거리던 강 부기장이 정신을 차리고 소리쳤다.

"올 엔진 플레임 아웃!(All Engine Flame-out : 모든 엔진이 꺼져버렸음) 이제 어쩌죠?"

"천천히, 천천히 하자. RAT 스위치 자동으로 켜졌지? 한 번 더 눌러서 확인 사살해라!"

RAT(Ram Air Turbine)이란 일종의 바람개비 같은 것으로, 평소에는 날개 속에 숨겨져 있다가 비상시에 펼칠 수 있다. 엔진이 모두 꺼지면 엔진의 힘으로 유지되던 전기와 유압이 모두 공급을 멈추게 되는데, 이 바람개비가 풍력으로 비상 발전기를 돌려 유압을 살려내고 비상 전력을 공급하게 된다.

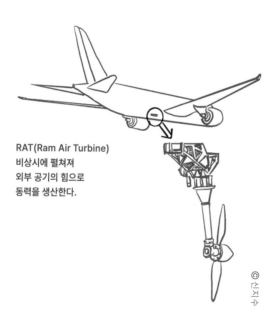

RAT(Ram Air Turbine)
비상시에 펼쳐져
외부 공기의 힘으로
동력을 생산한다.

ⓒ신지수

"네, RAT 스위치 On, 유압이 살아납니다! 이그니션(Ignition : 점화장치)도 켜겠습니다."

몇초 후 RAT가 완전히 펼쳐져 작동을 시작하자 추가로 몇몇 전기계통이 살아났고 유압이 살아나면서 다시 비행기 조종이 가능해졌다. 대부분의 대형 비행기는 조종계통이 유압 방식으로 이루어져 있어서, 엔진이 모두 꺼지면 조종간이 먹통이 된다. 이때 RAT가 펼쳐지면서 항공기를 움직일 수 있는 최소한의 유압을 공급해주어 먹통이 되었던 비행기를 다시 움직일 수 있게 하는 것이다. 물론 평소보다 조종 성능이 떨어지는 것은 어쩔 수 없지만, 정신을 잃었던 비행기가 다시 깨어나준 것만으로도 하늘에 감사해야 할 일이다. 안 기장은 조종간을 좌우로 움직여보더니 비행기가 충분히 반응하는 것을 확인하고 강 부기장에게 말했다.

"아이 해브 컨트롤! 이제 비행기가 움직인다. 수동으로 조종할게. 강 부기장은 어서 메이데이 보고하고, 체크리스트 준비해."
"메이데이, 메이데이, 메이데이! 해피항공 111편 모든 엔진이 꺼졌다. 엔진 재시동을 위해 급강하하고 있다."

강 부기장은 무선통신으로 비상을 선포한 후 체크리스트를 꺼내 들었다. 일단 어떻게든 엔진부터 살려야 했다. 엔진이 내부에 화산재를 먹은 상태라 재시동에 실패할 가능성도 높았지만 그래도 끝까지 시도해봐야 한다.

재시동 준비를 위해 추력 레버를 줄이고 연료 스위치를 껐다. 초시계로 30초를 기다린 다음(이는 엔진 속에 남아 있는 연료를 배출하기 위해서다. 연료 펌프가 작동하는 상태에서 엔진이 고장 나면 엔진 내부에 연료가 고이기 마련인데, 이 상태에서 시동을 걸면 화재의 위험이 있다. 30초 동안 풍력으로 엔진을 회전시켜 고여 있던 연료를 밖으로 배출한다) 양쪽 엔진의 연료 스위치를 다시 모두 올렸다. 엔진 계기에 점화장치가 불꽃을 튀는 것도 잘 표시되었다. 그러나 아무리 뚫어지게 엔진 계기를 쳐다보아도 시동은 걸리지 않았다. 연료 스위치를 끄고 다시 30초를 기다린 후, 다시 한 번 연료 스위치를 올렸다.

"기장님 속도를 올려주세요! 엔진 시동을 위해 300노트(시속 550km) 이상 유지하라고 체크리스트에 되어 있습니다!"

높은 고도에서 시동을 걸 때는 바람의 힘으로 엔진을 돌려야 하므로 가능한 한 빠른 속도가 필요하다. 좀처럼 시동이 걸리지 않고, 속도계의 지시가 300노트보다 느리자 답답한 마음에 강 부기장이 안 기장을 다그친 것이다.

"아니야, 지금 피토 튜브가 화산재로 약간 막힌 것 같아. 여기 속도계가 가리키는 속도는 실제 속도보다 느려. 이 정도 피치(Pitch:기수각) 자세면 300노트는 충분히 나올 거야. 조급해하지 말고 계속 시동 걸어봐."

피토 튜브(Pitot tube : 동압계)는 비행기의 속도를 측정하는 센서 같은 것으로, 스태틱 포트(Static Port:정압계)와 함께 비행기

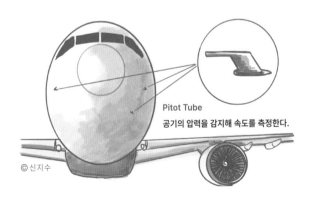

Pitot Tube
공기의 압력을 감지해 속도를 측정한다.

©신지수

외부의 공기 압력을 측정해 속도와 고도를 표시해준다. 피토 튜브가 부분적으로 막히면 측정되는 압력도 작아져서 실제보다 느린 속도를 표시하게 된다. 안 기장은 경험을 통해 이 비행기의 대략적인 강하 성능을 알고 있었으므로, 기수각과 속도의 관계로 실제 속도를 유추할 수 있었다.

비행기가 25,000피트(7,600미터)로 강하하자 이제 APU(Auxiliry Power Unit : 보조동력장치)를 쓸 수 있게 되었다. 이것은 고출력의 교류(AC) 전력을 생산할 수 있는 장치로서 꼬리 부분에 숨겨져 있는데, 마치 작은 터빈 엔진과 같아 작동시키려면 시동을 걸어야 한다. 엔진이 모두 꺼진 상태에서는 오직 배터리만으로 시동을 걸어야 하는데, 힘이 약한 직류(DC)만을 공급하는 비상 배터리로는 어느 정도 공기 밀도가 높아지는 중고도 이하로 내려가야 시동을 걸 수 있다. 그것이 바로 25,000피트다.

"APU ON!"

APU가 켜지자 대부분의 전기가 모두 돌아왔다. 기내가 다시 환해지고 거의 모든 계기들이 다시 작동하기 시작했다. 안 기장은 비행기의 기수를 들어 속도를 줄이기 시작했다. 지금까지는 풍력으로 엔진 시동을 걸었지만 이제는 APU 동력으로 엔진 스타터를 돌릴 수 있기 때문이다. 스타터가 있으니 풍력을 내기 위해 고속을 유지할 필요가 없고, 속도를 줄여 강하율을 낮추면 활공 시간을 벌 수 있다. 이제부터는 가장 멀리, 그리고 가능한 한 오래 날 수 있는 속도를 유지해야 한다. 진짜 활공이 시작된 것이다.

 대형 제트기도 활공을 할 수 있다!
소중한 날개가 있으니

"활공 속도가 어떻게 되지?"

안 기장이 열심히 시동을 걸고 있는 강 부기장에게 물었다. 강 부기장은 체크리스트를 확인하고 대답했다.

"20,000피트 이하부터는 205노트를 유지하십시오!"

날개가 달린 모든 비행기는 무동력이라 할지라도 공기 역학적으로 활공을 할 수 있다. 끝내 엔진 시동에 실패한다면 활공으로 착륙할 수밖에 없다. 안 기장은 40,000피트에서 20,000피트까지 강하하는 동안 여러 가지 경우를 떠올렸다. 화산재를 먹은 엔진이 다시 살아나는 것은 쉬운 일이 아닐 것이다. 바람으로 아무리 재를 불어낸다 하더라도 엔진 내부는 이미 상당한 손상을 입었을 것이다. 이제는 안 기장도 최악의 상황에 대비해야만 했다. 안 기장은 '정보안' 사무장을 조종실로 불렀다. 수동 조종을 하는 와중에도 직접 브리핑을 하며 비상착륙에 대비할 것을 지시했다.

"정 사무장, 엔진이 끝내 살아나지 않으면 무동력으로 착륙을 해야 해요. 활주로를 벗어날 수도, 착륙 중 사고가 날 수도 있어요."

"기장님, 차라리 바다에 착수하는 것이 유리하지 않을까요?"

"지금 겨울이라 파고가 매우 높고 수온이 낮아 위험해요. 태평양에 착수하면 아무리 육지가 가까워도 이 지역은 오지라고 봐야 해요. 요새 기상까지 좋지 않아 구조되기까지 시간도 많이 걸릴 수 있어요. 일단 어떻게든 캄차카 공항에 착륙을 시도할 거예요. 혹시 활주로에 내리지 못할 것 같으면 한 가지 옵션이 더 있어요. 캄차카 공항 근처에 '이바차만(灣)'이 있어 여기에 착수하는 것도 고려할 수 있어요. 어쩔 수 없이 바다에 내려야 한다면 여기에 내리는 것이 파고도 낮고 구조에도 유리해요. 이 두 가지 옵션을 가지고 갈 겁니다. 활주로가 우선이고, 여의치 않으면 기수를 돌려 이바차만에 착수할 거예요. 착륙 3분 전에서 5분 전 정도까지는 착륙할지 착수할지 결정을 내릴 수 있을 거예요. 차선책에 대비해 승객들 구명복도 미리 입혀 두세요. 수동 비행 중이라 내가 방송을 할 수 없는 처지이니 사무장이 대신 승객들에게 정확하게 안내해주세요. 아, 그리고 충격 방지 자세도 잊지 마세요. 착수든 착륙이든 모두 해당됩니다."

"네, 알겠습니다. 지금부터 얼마나 걸릴까요?"

"엔진이 살아나지 않으면 한 12~15분 후에 착륙할 거예요. 타이머를 맞춰 놓으세요. 상호 재확인을 위해 5분 전, 3분 전, 1분 전 간격으로 내가 카운트다운 해줄게요. 서둘러주세요."

"기장님, 죄송하지만… 이거 기도를 해야 하는 상황인가요? 저희 딸이 오늘 생일인데…."

"글쎄요… 교회에 다니신다면 나쁠 것도 없겠네요. 하지만 해야 할 일은 먼저 다 해놓고 기도하시기 바랍니다. 오늘 따님 생일파티에는 절대 못 가겠네요. 캄차카에서 영상통화라도 할 수 있을지 모르겠어요."

안 기장은 정 사무장을 위로하거나 용기를 심어줄 마음이 전혀 없었다. 그런데 이상하게도 정 사무장은 오히려 용기가 나고 안심이 되었다. 안 기장 저 인간이 인정머리 없이 태연하게 대꾸하는 걸 보니 복잡한 생각들이 다 사라지고 과연 캄차카에서 인터넷이 터질지 안 터질지만 궁금해졌다.

좀처럼 살아나지 않는 엔진

강 부기장이 스타터를 사용해 계속 시동을 걸었지만 엔진은 좀처럼 살아나지 않았다. 이제 활공으로 착륙하는 상황에 대비해야 했다. 시간은 약 10분, 거리는 40마일(64km) 정도 날 수 있을 것 같았다. 서서히 속도를 줄일 것을 감안하면 평균 강하율이 더 줄어들어 좀 더 오래 날 수 있을 것 같았지만 안 기장은 플러스 알파를 갖고 보수적으로 계산하기로 했다. 엔진이 꺼진 상태에서는 오직 고도가 에너지이기 때문에 어느 정도 여유분을 가지고 가야 한다.

15,000피트(4,500미터)를 지나자 객실에 외부 공기가 들어오도록 공기 밸브를 열었다. 밸브를 열자 차가운 공기가 객실로 빠르게 스며들었다. 15,000피트는 승객이 산소마스크 없이 호흡해도 위험하지 않은 가장 높은 고도이다. 엔진이 모두 꺼지면 기내 여압장치도 제대로 작동할 수 없기 때문에 안전한 고도가 되면 타이어에 바람을 빼듯 비행기의 공기구멍을 열어줘야 한다. 비상착륙 후 탈출할 때 기내 기압이 바깥보다 조금이

라도 높으면 문이 열리지 않을 수 있기 때문이다. 비상상황에서는 문제의 소지가 있는 것을 미리미리 제거해야 한다.

안 기장은 10,000피트(3000미터) 이하로 내려갈 때까지 산소마스크를 계속 쓰고 있기로 했다. 뇌에 산소가 충분히 공급되어야 머리도 잘 돌아간다고 믿기 때문이다. 강 부기장은 아직 경험이 적어 마스크를 쓴 채 비행하는 것이 무척 불편해 벗고 싶었지만 안 기장이 쓰고 있으니 혼자 벗기도 애매했다.

러시아의 부동항 페트로파블롭스크-캄차츠키로

조금 전 화산 구름을 만나자마자 유턴을 하면서 바로 캄차카 페트로파블롭스크 공항을 향해 비행해왔다. 언젠가 꼭 한 번 여행 가보고 싶었던 곳이라 제일 먼저 안 기장의 머리에 떠올랐다. 다행히도 유턴을 하고 보니 페트로파블롭스크 공항이 북동쪽 150마일(270km) 정도에 기적처럼 놓여 있었다.

활공 거리는 바람이 없는 조건에서 고도 1,000피트당 대략 3마일로 계산한다(이건 평균 수치이므로 고도마다, 비행 단계마다, 바람에 따라 실제값은 다르다). 배풍까지 살짝 불어주니 충분히 다다를 수 있는 거리였다. 더구나 공항 활주로 방향이 340도이고, 남쪽에 만(灣)이 있어 여차하면 착수로 계획을 변경할 수 있을 것 같았다. 엔진 없이 활공으로 착륙한다는 것이 쉽게 말해 '힘 조절'인데, 이 힘 조절에 실패해 활주로까지 도달하지 못할 것 같으면 착수로 계획을 변경할 수 있는 카드가 한 장 더 있는 셈이었다. 더구나 만 주변에 도시가 있어 구조도 용이할 것 같았다.

초비상상황이다 보니 러시아 관제소는 모든 권한을 기장에게 주었다. 알아서 공항에 착륙하라고 허가를 했고 주변의 모든 비행기들을 대피시켰다. 소방구조대도 소방차의 시동을 걸고 출동 준비를 마친 상태였다.

엔진은 좀처럼 살아나지 않았다. 엔진 시동에 집중하던 강 부기장에게 안 기장은 이제 착륙 준비를 하도록 지시했다. 수동 비행을 하다 보니 안 기장이 모든 준비를 직접 할 수 없었다. 강 부기장은 착륙과 접근을 위한 셋업을 마치고 안 기장에게 공항 절차에 대해 간단히 브리핑을 해주었다. 그 와중에도 강 부기장의 엔진 시동 걸기 시도는 멈추지 않았다. Ctrl+C, Ctrl+V를 반복하면서 엔진 시동을 계속 걸었다. 끝까지 포기할 수 없었기 때문이다.

 이제부터는 힘 쪼절!

10,000피트가 되었을 때 비행기는 활주로로부터 약 20마일

정도 떨어져 있었다. 고도가 적당해 보였다. 야간이었지만 다행히 날씨가 맑아 눈앞에 활주로 불빛이 훤히 보였다. 착륙하기 위한 속도로 감속을 시키다 보니 비행기는 적정 고도보다 점점 높아졌다. 15마일 앞으로 다가왔는데 아직도 8,000피트였다. 강하율을 높이기 위해 랜딩기어를 일찍 내렸다. 랜딩기어는 비상 레버를 사용해 내렸다.

비상 레버는 비상 랜딩기어 강하 레버(Emergency Landing Gear Extension Lever)를 말한다. 랜딩기어를 내리고 올리는 것도 유압 시스템으로 작동을 하는데, 비상 레버를 쓴 이유는 유압 동력을 아끼기 위해서다. 비상 랜딩기어 강하는 쉽게 말해서 랜딩기어를 자유낙하시키는 것이다. 랜딩기어와 랜딩기어 문을 고정하는 래치를 풀어 자체의 무게로 문이 열리고 랜딩기어를 자유낙하시키기 때문에 유압 동력을 아낄 수 있고, 그렇게 절약된 유압은 오로지 항공기 조종에 집중하여 쓸 수가 있다.

랜딩기어가 내려가자 공기 저항이 커지면서 강하율이 조금 더 깊어졌다. 일단 랜딩기어를 내리면 더 이상 착수는 할 수 없다. 착수를 하려면 랜딩기어를 내리지 않은 채 동체로 수면 위에 착수해야 하기 때문이다. 안 기장은 사무장에게 '착수'가 아닌 '착륙' 5분 전임을 알렸다. 고도가 조금 높았지만 낮은 것보다 나았다. 엔진 추력이 없을 때 낮은 것을 높이 끌어올릴 수는 없지만 높은 것을 아래로 내리누를 수는 있다.

"앞바람이 좀 있으니 5도 강하를 타깃으로 할게. 분당 1,100
~1,200피트 강하율을 유지한다. 옆에서 속도 잘 봐줘."
"알겠습니다."

생각보다 비행기의 활공 성능이 좋았다. 생각만큼 무겁게 떨
어지지 않았다. 안 기장은 지그재그로 비행하면서 강하율을 높
이려고 했으나 효과가 그리 크지 않았다. 강 부기장이 조언했다.

"스피드 브레이크를 쓰는 게 어떨까요?"
"안 돼. 속도가 급하게 줄어버리면 더 위험해. 활주로 길이가
3,400미터이니 여유가 있어. 좀 높게 들어가도 될 거야."

안 기장은 6마일에 최저 2,500피트를 게이트로 잡았다. 이 지
점을 2,500피트 아래로 통과할 것 같으면 기수를 왼쪽으로 90
도 돌려 바다에 착수하려고 마음먹었다. 하지만 비행기는 오
히려 3,500피트로 계획보다 높게 통과했고, 이미 랜딩기어를
내려 더 이상 착수는 포기해야 했다. 기수를 더 내리고 강하각
을 늘렸다. 어떻게든 착륙을 해야 한다. 단 한 번의 기회를 날

려버릴 수는 없었다. 속도가 증가하기 시작했고 마치 다이빙을 하는 것처럼 경사가 급하게 보였다. 평소 착륙할 때의 강하각이 3도이니 두 배는 더 가파르게 보이는 것이다. 착륙 1분 전에 마지막 방송을 했다.

"기장입니다. 충격방지 자세! 충격방지 자세! 브레이스 포 임팩트(Brace for Impact). 1분 전이에요."

승객들은 두려움에 떨면서 고개를 숙였을 것이다. 하지만 방송을 마친 안 기장은 무덤덤하게 깊은 강하각을 유지했다. 승

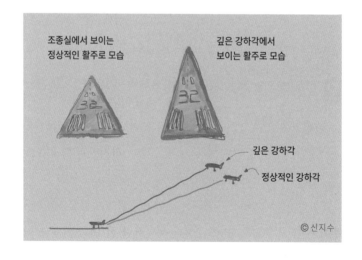

객의 목숨을 지켜야 하는 막중한 책임을 안고 있지만 안 기장은 그것에 크게 의미를 두지 않았다. 그 무거운 책임 때문에 타오르는 영웅심과 꼭 해내고 말겠다는 의지로 감정이 북받칠 수 있다. 반대로 무거운 압박감에 도망치고 싶거나 승객이 다칠까 봐 겁이 날 수도 있다. 이 두 가지 감정은 어느 쪽도 사람들을 살려내지 못한다. 안 기장은 쉼 없이 감지하고, 계산하고, 결심하고, 반응했다. 어떤 큰 목적을 위해서가 아니라 그냥 그렇게 프로그래밍된 것처럼 조작하고 행동했다. 불구덩이에 뛰어들게 하는 것은 투지지만 불구덩이에서 사람을 구해내는 것은 냉정한 판단과 기술이다. 비정상 상황에서의 비행은 머리와 감각으로 하는 것이지 가슴으로 하는 게 아니라고 안 기장은 믿고 있었다.

🔘 겁먹으면 지는 거다! 깊은 강하각으로 담력 테스트

"플랩(비행기의 양력을 높이려고 날개에 붙이는 장치)을 착륙 플랩까지 내려줘. 그냥 한 번에 쭉쭉 내려."

속도가 너무 빨랐다. 어떻게든 에너지를 줄여야 했고, 공기 저항을 높이기 위해 일찌감치 플랩을 최대한 내리기로 결심한 것이다. 절차 위반?일 수도 있다. 하지만 절차를 위반하더라도 먼저 속도부터 줄여야 한다고 판단했다. 강 부기장이 한꺼번에 플랩을 최대로 내렸다. 비행기가 흔들리면서 속도가 줄어들기 시작했다. 안 기장은 강하율을 유지하기 위해 바쁘게 조종간을 움직였다. 200피트까지 내려가자 강 부기장이 신음소리를 내기 시작했다.

"어… 음… 피치(기수각) …."

기수각이 너무 깊었다. 강하율 부기장은 지금까지 이런 깊은 각도와 강하율로 활주로에 다가가는 것을 본 적이 없으니 겁을 먹을 수밖에 없었다. 기수를 좀 들어줬으면 하는 마음에 저절로 '피치'라는 말이 신음 속에 흘러나왔다. 침착한 안 기장은 100피트 정도까지 내려오자 그제야 기수를 들어올리기 시작했다. 땅에 처박힐 것 같던 비행기가 크게 원을 그리며 기수를 들자 강 부기장은 속이 메스꺼웠다. 착륙 자세를 갖춘 비행기가 좌우로 뒤뚱거리더니 요란한 소리를 내며 땅에 닿았다.

"쓱!… 쓱~!… 쓱~ … 쿵!"

양쪽 바퀴가 차례로 몇 번씩 활주로에 닿았다 말았다 하더니 강한 마찰음과 함께 의자 아래에서 자갈밭 위를 구르는 듯한 거친 진동이 솟구쳐 올라왔다. 마치 화산이 폭발한 것처럼. 안 기장은 브레이크를 쭉 밟았다. 급정거하듯 비행기가 앞으로 쏠리자 뒤늦게 강 부기장이 소리치며 조언했다.

"브레이크는 1,000psi(압력 단위) 이내로 밟아주세요. 남은 유압으로 7번 정도 브레이크를 밟을 수 있습니다!"

"오케이, 잘 설 수 있겠다! 성공이다!"
"60노트! 30노트!"
"유 해브 컨트롤! 이제 하율이 자네가 세워!"

안 기장이 함박웃음을 지으면서 조종을 강 부기장에게 넘겼다. 당황한 강하율 부기장이 뒤뚱거리며 비행기를 완전히 세우고 파킹브레이크를 걸었다. 비행기가 완전히 멈추자 안 기장이 긴급 방송을 했다.

"기장입니다. 승객들은 자리에 앉아 계십시오. 다시 말합니다. 앉아 계십시오. 리메인 시티드(Remain Seated)."

조종실 문 너머에서 환호와 박수 소리가 들렸다. 마지막 체크리스트까지 마친 안 기장은 강 부기장과 크게 하이파이브를 했다. 곧이어 조종실 밖으로 나와 차례로 승무원들과 하이파이브를 하고 정 사무장의 두 손을 붙잡고 흔들며 말했다.

"생일파티 못 가서 어떻게 해요?"
"지금 생일이 문제예요? 초상날 될 뻔했는데!"

안 기장이 인터폰을 들고 직접 방송을 했다.

"여러분, 우리 비행기는 방금 안전하게 착륙했습니다. 날씨가 추우니 나가실 때 두꺼운 옷을 챙기시고, 모자라면 담요도 챙기시기 바랍니다."

승객들은 다시 한 번 큰 박수와 환호를 보냈다. 안 기장은 승객들의 열렬한 반응을 보고 조금 당황스러웠다. 얼굴이 붉어졌다. 안 기장은 딱히 더 할 말이 없어 쭈뼛쭈뼛하다가 조종실로 돌아갔다.

시나리오가 좀 현실성이 떨어지긴 하지만 가끔은 이런 상황에 대비해서 비슷한 시나리오로 모의비행 훈련을 한다. 반면에 설리 기장의 허드슨강 착수는 너무 저고도에서 발생한 사건이라 훈련으로 대비할 수 있는 성격의 것이 아니다. 너무나 짧은 시간 동안 일어난 일이고, 설사 훈련을 한다고 해도 어떻게 대응 절차를 마련해야 할지 막막하다. 상황과 변수는 매번 다르지만 시간은 촉박하기 때문에 가장 올바른 결정이 무엇이라고 정확히 제시할 수 없기 때문이다. 그런데도 설리의 허드슨강 비상 착수는 실제로 일어났다. 좀처럼 일어나기 어려운 상황은 연습할 수 있고, 실제 일어난 상황은 연습하기 어려운, 참 설명하기 힘든 아이러니다. 그래서 설리 같은 사람을 영웅이라고 부르는가 보다.

그런데 영화 속 설리의 모습은 여러 가지를 생각하게 한다. 설리는 침착한 정도를 넘어 덤덤하기까지 했다. 멍 때리는 표정과 흐리멍덩한 눈빛이 인상적이었다. 하지만 이것은 반전의 매력이 아니었다. 나에게는 신선한 충격? 격한 공감? 그런 것이었다. 영화 속 설리의 모습은 신념에 찬 얼굴로 주먹 불끈 쥐고 적진에 뛰어드는 그런 영웅의 모습이 결코 아니었다. 저고도에서 엔진이 모두 꺼진 끔찍한 상황에서 설리는 자신에게 주어진 단 몇 분의 시간을 쪼개서 스스로에게 질문하고, 결심하고, 계획하고, 수정했다. 표정과 말 그리고 감정에 소비할 에너지마저도 모두 비행에 쏟았다. 자신에게 프로그램된 임무를 자신에게 축적된 데이터를 사용해 가장 효과적으로 수행하는 데 모든 에너지를 사용했다. 자신감 넘치는 영웅다운 표정과 자태는 30년 베테랑 경력의 기장에게 어울리는 것이 아니었다.

그런 의미에서 톰 행크스의 연기는 '소~오름'이었다. 조종사도 아니면서 어떻게 그런 모습에 빙의할 수 있었을까? 조종사로서 승객들을 살려낸 설리 기장을 무척 존경하지만, 영화 관객으로서 설리를 연기해낸 톰 행크스와 연출을 이끌어낸 클린트 이스트우드는 정말로 괴물이라는 생각마저 든다.

랜딩기어는 언제 올리고 언제 내릴까?

비행기가 공중에 떠서 안정적으로 상승하기 시작하면 바로 올린다. 랜딩기어를 올려야 공기 저항이 줄어 상승률이 좋아지고 안정적으로 날 수 있다. 착륙할 때는 마지막 강하를 하면서 가능한 한 늦게 내린다. 착륙 2~4분 전에 내리는 것이 보통이다.

랜딩기어를 더 일찍 내릴 때도 있다. 활주로에 접근할 때, 속도를 급하게 줄이고 싶거나 같은 속도를 유지하며 깊은 강하율로 강하하고자 할 때(비행기는 강하율을 늘이기 위해 기수를 낮추면 속도가 증가한다) 랜딩기어를 내리면 효과적이다. 랜딩기어를 일종의 공기 저항 장치로 이용하는 것이다. 새들이 이착륙하는 모습을 자세히 관찰해보면 다리를 안에 숨기고 밖으로 뻗고 하는 것이 비행기와 비슷하다.

비상상황이 되면 랜딩기어를 내리는 것도 상황에 따라 다를 수 있다. 만약 앞의 글처럼 비상 랜딩기어 작동 장치로 랜딩기어를 내리면 다시 랜딩기어를 올릴 수 없다(모두 그렇지는 않고, 일부 비행기는 공중에서 다시 리셋할 수 있다). 따라서 비상 레버로 랜딩기어를 내릴 때는 더 이상 비행을 할 필요 없이 분명히 착륙할 수 있다는 확신이 있어야 한다. 만약 기상이 나빠 착륙을 포기하고 다시 상승하게 되면 랜딩기어를 다시 올릴 수 없으므로 상승 성능도 나빠지고 연료 소모가 많아져 다른 공항으로 회항하기 힘들 수 있다.

또한, 브레이크가 과열된 경우 랜딩기어를 내린 채로 비행을 하면 바람의 영향으로 바퀴에 달린 브레이크의 열기를 식힐 수도 있다. 그러나 랜딩기어를 내린 채로 비행을 할 경우에는 속도 제한이 따른다. 너무 속도가 빨라 바람이 거세어지면 랜딩기어와 기체에 무리를 줄 수도 있고, 바람의 저항 때문에 작동이 되지 않아 다시 올리지 못하게 될 수도 있다.

영화를 너무 봤네. 엔진 고장으로 모자라 이번에는 조종사를 보내버리시겠다? 그래 좋다. 이왕 달린 거 좀 더 가보자. 이번에는 비행기 고장이 아니라 조종사 고장이다. 비행 중 두 명의 조종사가 모두 의식을 잃거나 더 이상 조종을 할 수 없는 상태가 되면? 과연 일반인이 비행기를 안전하게 착륙시킬 수 있을까? 영화 같은 상상이지만 어디 한번 소설을 써보자. 참고로, 이 소설은 보잉 B787 비행기를 배경으로 한다.

독극물 테러 발생!
두 명의 조종사 모두 의식 불명

　인천공항으로 돌아오던 해피항공 여객기의 조종사 두 명이 식사 중 독극물 테러를 당하고 말았다. 두 사람은 의식을 잃어 조종을 할 수 없는 상태가 되었다. 객실승무원이 이를 발견하고 응급처치를 시도했지만 이들은 의식을 되찾지 못했다. 혹시 승객 중에 비행기 조종을 할 수 있는 사람이 있는지 알아보았지만 아무도 나서는 사람이 없었다. 결국 용감한 객실승무원 릴리와 케빈이 조종석에 앉기로 했다. 우선 이 상황을 관제소와 회사에 알려야 했다. 케빈이 먼저 위성전화 연결을 해보려했지만, 어떤 스위치를 눌러야 할지 알 수가 없었다. 릴리는 조종석에서 마이크로폰으로 보이는 것을 발견했다. 영화에서 본 경찰들의 무전기와 비슷해 보였고, 무작정 스위치를 눌러 대화를 시도했다.

"여보세요, 제 목소리가 들리나요? 관제사와 대화할 수 있나요? 비상상황이에요!"

다행히 관제소는 릴리의 무선통신에 응답했고, 비상상황임을 알아차렸다. 비행기는 오토파일럿(Autopilot)으로 항로를 따라 평화롭게 비행 중이었다. 오토파일럿이란 입력된 고도, 경로, 속도로 비행하도록 조종면과 엔진이 저절로 움직이는 '자동조종 장치'이다. 항공기, 선박, 우주선에서 주로 사용되지만 이제는 자동차에도 도입되어 일반인에게도 꽤 익숙해진 개념이다.

비행기는 레이더 관제구역 안에 있었고, 관제소는 레이더로 비행기 위치를 바로 추적할 수 있었다. 관제소는 관련 정부 기관, 도착 공항 그리고 항공사에 각각 비상상황을 알리고 관제사와 조종사의 지원을 요청했다. 순식간에 비상 대책반이 구성되었고, 신속한 논의 끝에 해피항공 비행기를 인천공항에 오토랜딩(Auto-landing)시키기로 결정했다. 오토랜딩이란 앞에서 말한 오토파일럿을 사용하여 착륙까지 하는 '자동착륙' 기능인데, 항공기 장비와 활주로 시설 모두 이 기능을 사용할 수 있는 조건을 갖추어야 한다. B787 항공기는 최신 자동착륙 기능을 갖고 있었고, 인천공항 역시 최고의 시설을 갖춘 공항이므로 자동착륙을 하는 데 문제가 없었다. 인천공항의 기상도 좋았다.

대책반은 즉시 관제사 알렉스와 기장 스티브를 투입하여 직접 무선통신 마이크를 잡게 했다. 알렉스는 인천 항공교통관제센터과 서울 접근관제소에서 오랜 경력을 쌓은 노련한 관제사였고, 스티브는 해피항공 B787 기종의 베테랑 교관 조종사였다. 둘 다 대책반의 긴급 호출을 받고 인천 항공관제센터로 달려왔다. 알렉스는 해피항공을 공항까지 안전하게 관제할 것이고, 스티브는 릴리와 캐빈이 알렉스의 요구에 따라 비행할 수 있도록 조작을 가르쳐줄 것이다. 인천 항공교통관제센터는 항로 관제를, 서울 접근관제소는 공항 접근 관제를 담당하는데, 다행히 두 기관이 한 건물에 있어서 항로에서부터 활주로 접근까지 이 두 사람이 해피항공을 한 번에 유도할 수 있었다. 그러나 마지막 착륙은 인천공항 관제탑에서 관장하므로, 착륙을 돕기 위해 인천공항 관제탑에 또 다른 베테랑 조종사 마크를 대기시켰다.

우선 알렉스는 릴리에게 전용 통신 채널로 주파수 변경을 요구했다. 많은 항공기들이 함께 사용하는 통신 채널에서 빠져나와 긴밀하게 대화하기 위해서였다. 스티브가 주파수 변경 방법을 릴리에게 알려주었다.

전용 통신 주파수로 변경, 둘만의 긴밀한 대화

"릴리, 케빈, 추력 레버 아래쪽 페데스탈(Pedestal)에 세 개의 화면이 있는데, 그중 위쪽 두 개 화면이 무선 주파수를 보여주는 것이에요. 왼쪽 화면 아래의 숫자키에 '12385'를 친 후, 화면 왼쪽 첫 번째 스위치를 누르세요!"

"그렇게 했어요. 잘 들리나요?"

"좋아요. 이제 우리끼리만 대화를 할 수 있어요. 저는 스티브입니다. 제가 안전하게 착륙하도록 도와줄게요."

이어서 레이더 트랜스폰더 코드를 비상 코드인 '7700'으로 변경하도록 요구했다. 트랜스폰더 코드는 관제사가 레이더에 표시되는 여러 비행기들을 구별하기 위해 비행기마다 부여하는 고유 번호이다. 이 코드를 입력하면 관제사는 레이더에 나타난 비행기가 어떤 비행기인지 구별할 수 있다. 릴리가 스티

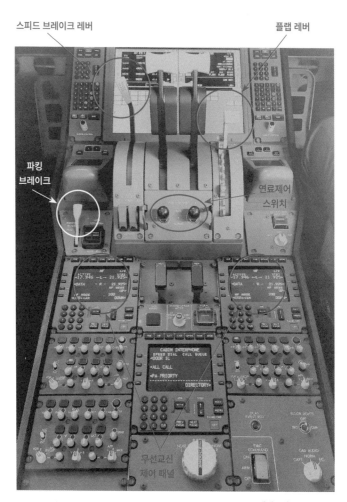

스피드 브레이크 레버

플랩 레버

파킹 브레이크

연료제어 스위치

무선교신 제어 패널

B787 페데스탈(Pedestal)

브의 안내에 따라 장치를 찾아 비상 코드를 입력하자, 알렉스의 레이더 모니터에 이 비행기가 붉은색으로 표시되었다. 비상 코드인 7700을 입력했기 때문에 보통 비행기들과 달리 눈에 띄게 나타나는 것이다

스티브는 비행 상태를 확인하기 위해 릴리에게 여러 가지 질문을 했다. 침착한 릴리는 스티브의 안내에 따라 FMC(Flight Management Computer : 비행관리컴퓨터)와 비행계기를 조심스레 살펴보았고, 거기에 나타난 숫자와 글자들을 읽어주었다. 승객과 조종사의 상황도 알려주었다. 릴리와 케빈의 도움으로 스티브는 이 비행기가 약 30분 후에 공항 접근 관제 지역에 도달할 것이며, 연료는 충분히 여유가 있음을 알게 되었다.

B787 FMC (비행관리컴퓨터)

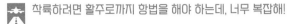

비행기는 공항 상공까지 계획된 항로를 따라 비행하도록 FMC에 입력되어 있는 상태였다. 하지만 실제로 공항에 착륙하기 위해서는 FMC에 활주로까지의 접근 경로와 고도, 속도를 상세하게 업데이트해야 한다.

알렉스와 스티브는 복잡한 컴퓨터 세팅을 포기하고 릴리와 케빈에게 고도, 속도, 방향을 직접 조절하게 하여 활주로까지 비행기를 유도하기로 했다. 알렉스와 스티브가 레이더로 비행기의 움직임을 보면서 자동조종 장치의 조작 방법을 가르쳐주면 총명한 릴리와 케빈이 잘 따라 할 수 있을 것이라 믿었다.

다행히도 인천공항과 이 비행기는 모두 훌륭한 자동착륙 시스템을 갖추고 있다. 아무리 용감한 릴리라 해도 엄청나게 무겁고 빠른 비행기를 수동으로 착륙시킬 수는 없을 것이다. 그러나 자동착륙을 하려면 FMC에 착륙할 활주로와 계기 착륙 시스템(ILS : Instrument Landing System)의 인식부호를 선택하여 입력해야 한다. 그래야 이 시스템의 전파 시그널이 비행기를 활주로로 유도할 수 있다.

스티브는 천천히 릴리에게 입력 방법을 가르쳐주었다. 릴리는 FMC를 조작하는 마우스가 터치패드 식이라 마치 노트북을 만지는 것 같았다. 스티브의 친절한 안내에 따라 착륙할 활주로와 ILS 접근 이름을 입력했다. 활주로 이름인 '33R'과 접근절차 이름인 'ILS Y'가 혼합된 'ILSY33R'를 마우스로 선택한 후, '실행(Execute)'이라고 쓰여 있는 스위치를 눌렀다. 원래는 더 많은 입력이 필요하지만, 비상상황인 만큼 이것으로 최소한의 컴퓨터 세팅은 끝이다.

🔘 슬슬 비행기를 움직여볼까?

스티브는 릴리에게 MCP(Mode Control Panel)에 대해 천천히 설명해주었다. MCP는 여러 가지 오토파일럿 기능을 조작하는 패널이다. 조종실 계기판들 한가운데 위쪽에 있다. MCP에는 여러 가지 스위치와 다이얼이 있다. 왼쪽부터 속도, 방위, 강하/상승율, 그리고 고도를 조절할 수 있는 네 개의 다이얼과 디스플레이 창이 있고 그 주변에 여러 가지 누르는 스위치들이 있다. 스티브는 릴리에게 다이얼을 돌리고 스위치를 눌러 비행기가 방향을 바꾸거나 상승, 강하하고, 속도를 조절하는 방법을 연습시켰다.

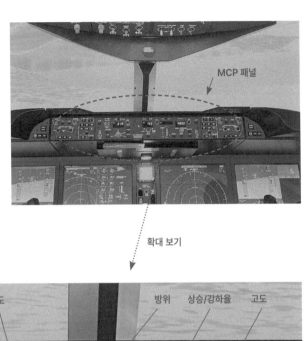

MCP 패널

확대 보기

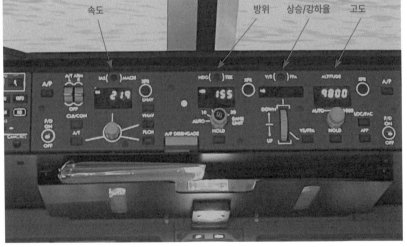

속도　　　　　　　　방위　상승/강하율　고도

"방위 노브(Heading Knob)를 한 번 누른 후, 좌측이나 우측으로 돌려보세요. 비행기가 선회할 거예요."

"스티브, 다이얼을 돌리는 대로 비행기가 따라서 움직여요!"

"맞아요. 원하는 속도, 고도, 방위를 MCP에 입력해서 릴리가 직접 오토파일럿에게 명령을 하고 있는 거예요."

릴리는 다이얼을 돌려 창에 나타나는 숫자를 바꿀 때마다 비행기가 반응하여 움직이는 것이 신기했다. 이 방식으로 비행을 시작하자, 더 이상 비행기는 내비게이션 화면에 표시된 선(항로)을 따라가지 않았다. 오토파일럿이 FMC에 프로그램된 계획에 따라 비행하도록 두지 않고, 그때그때 사람이 직접 오토파일럿에게 명령을 내리는, 쉽게 말하면 '반자동' 방식으로 비행을 하는 것이다. 스티브는 활주로를 향해 비행하도록 방위각을 불러주었다. 고도를 낮추고 속도를 줄이기 위해 적정 고도와 속도도 불러주었다.

"릴리, 속도 창에 숫자를 240으로 맞추세요. 방위 창은 330을, 고도 창도 3,000으로 맞추세요."

"왼쪽이 속도니까 240노트… 가운데가 330도… 고도가 3천 피트… 네, 다 입력했어요."

릴리의 비행기는 스티브가 유도하는 대로 비행하기 시작했고, 비행기의 움직임은 레이더 항적으로 확인할 수 있었다. 관제사가 보는 레이더 모니터에는 관제 구역의 지도가 나타나 있고, 그 위에 비행기의 항적이 표시되어 위치를 확인할 수 있다. 표시되는 비행기 모양의 항적 옆에는 이 비행기의 현재 속도와 고도가 나타나므로 알렉스는 릴리가 스티브의 안내대로 정확히 비행을 하고 있는지 확인할 수 있었다.

✈ 어디 한번, 비행계기도 읽어보자

하지만 레이더 항적만으로는 자세한 비행 상태를 모두 알 수 없다. 스티브는 릴리에게 정면에 보이는 비행계기를 읽는 방법을 친절하게 가르쳐주었다. 똑똑한 릴리는 계기를 보고 스티브가 알고 싶은 비행 정보를 읽어주었다.

주계기판 가운데는 비행기의 자세를 나타내는 자세계가 있고, 왼쪽에는 속도계, 오른쪽에는 고도계가 표시된다. 자세계 아래에는 방위계가 있으며, 위에는 오토파일럿의 상태를 나타내는 글자들이 표시된다.

"릴리, 지금 속도가 얼마인가요? 잘 줄어들고 있나요?"

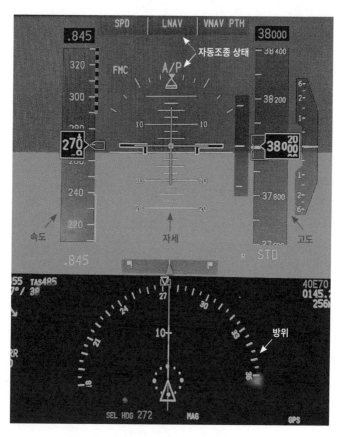

B787의 주비행계기 디스플레이

"지금 속도는 282노트(시속 520km)를 가리키고 있어요. 천천히 줄어들고 있어요."

"좋아요. 이제 서울 접근관제 구역에 거의 왔어요. 우리는 접근 레이더 모니터가 있는 사무실로 자리를 옮길 거예요. 아까 가르쳐준 통신 주파수 변경 방법 기억하고 있나요? 주파수를 119.65로 바꾸세요."

"아아! 아직 가지 말아요. 여기에 119.65를 입력하고···."

릴리는 주파수를 바꾸고 다시 마이크를 잡았다.

"스티브 들리나요? 제대로 한 건가요?"

"네, 릴리 잘했어요. 저는 알렉스입니다. 제가 먼저 접근관제소로 이동했어요. 스티브는 곧 올 겁니다. 제가 레이더 모니터로 릴리를 잘 보고 있으니 걱정하지 말아요."

"알렉스, 고마워요. 우리만 두고 멀리 가면 안 돼요!"

 속도를 줄이기 위해 플랩을 내려보자

착륙을 위한 속도로 감속하기 위해서는 플랩(Flap : 고양력 장치)를 펼쳐 날개 면적을 넓혀야 한다. 헐레벌떡 접근관제소로 달려온 스티브는 가쁜 숨을 몰아쉬며 계속해서 릴리에게 플랩 레버의 위치와 작동법을 설명해주었다. 다행히 모든 스위치와 레버에 각각 장치의 이름이 쓰여 있었고, 스티브가 정확한 명칭을 말해주어 릴리는 쉽게 찾을 수 있었다.

"이제 본격적으로 착륙을 위한 비행을 시작할 거예요. 속도를 줄이려면 플랩을 내려야 해요. 추력 레버 오른쪽에 플랩 레버를 찾아보세요."

"네, 찾았어요. 커다란 레버에 플랩이라고 써 있어요."

"좋아요. 그 레버를 살짝 당겨 '1'이라고 쓰여 있는 위치에 놓으세요."

"음… 레버가 잘 안 움직이는데요?

"아, 미안해요. 레버를 내리려면 먼저 레버를 살짝 위로 들어야 해요."

"아, 이제 움직여요. '1'에 놓았어요."

"잘했어요. 이제 속도를 더 줄일 수 있어요. 속도 창에 숫자를 200노트(시속 400km)로 맞추세요."

"네네, 200노트….”

"잘했어요. 레이더 상에도 속도가 줄어드는 것이 보여요. 앞으로 약 15분에서 20분 정도면 착륙할 거예요."

"아… 떨려요."

"걱정 말아요. 지금부터 모든 조작은 충분한 시간 여유를 두고 미리미리 할 거예요. 내 설명이 어려우면 바로바로 물어봐요. 저는 이 비행기를 오래 타서 머릿속에 릴리의 상황을 떠올릴 수 있어요. 천천히 가르쳐줄 테니 지금처럼 따라주면 됩니다. 잘못 조작해도 수정할 여유가 있으니 침착하게 해요."

이어서 스티브는 순서대로 플랩을 '5', '10'까지 내리도록 요구했고 플랩을 내릴 때마다 더 느린 속도를 불러주었다. 릴리는 스티브의 안내에 따라 이제는 제법 능숙하게 스위치와 레버를 조작했다.

🛬 착륙하려면 바퀴를 내리는 것도 잊으면 안 되지

착륙하려면 바퀴를 내려야 한다. 스티브는 랜딩기어(Landing Gear : 비행기 바퀴) 레버 위치를 알려주고 릴리가 레버를 아래로 내리도록 안내했다. 랜딩기어 레버는 조종실 정면 한가운데 찾기 좋은 위치에 있었다. 릴리가 레버를 내리자 요란한 소리를 내며 랜딩기어가 내려갔다.

"플랩을 '20'까지 내리고 속도를 155로 맞추세요."

"네네, 이제 이건 자신 있어요!"

"좋아요. 그럼 새로운 과목을 해볼까요? 랜딩기어 레버 아래쪽에 오토 브레이크(Auto Brake) 셀렉터 노브가 있을 거예요. 찾아보세요."

"네, 찾았어요. 그 위에 숫자들이 적혀 있어요."

"노브를 돌려 3에 맞추세요."

"잘 안 돌아가는데…. 아, 누르니까 돌아가요. 네, 이제 맞추었어요. 이 노브를 돌리면 착륙 후에 자동으로 브레이크가 작동하는 건가요? '3'자는 브레이크 강도인 것 같은데…. 1에서부터 4까지 있어요."

"하하, 맞아요. 이제 조종사 다 되었네요, 릴리."

스티브의 안내에 따라 릴리는 스피드 브레이크(Speed Brake) 레버도 조작했다.

"릴리, 추력 레버 왼쪽에 또 다른 레버가 있을 거예요. 스피드 브레이크라고 써 있어요."

"네, 있어요. 이것도 브레이크인가요?"

"이건 스포츠카 뒤에 달린 스포일러 같은 거예요. 비행기 날

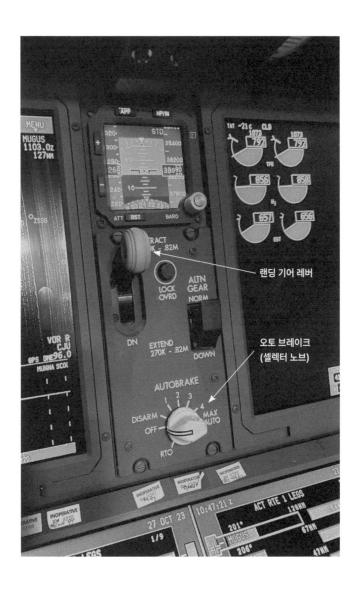

랜딩 기어 레버

오토 브레이크
(셀렉터 노브)

개 위에 있는데, 착륙하면 자동으로 펼쳐져서 공기 저항을 늘리고 비행기를 아래로 눌러 바퀴의 접지력을 높여줄 겁니다. 브레이크의 감속 성능을 높여주지요. 그 레버를 'ARM' 위치로 살짝 내리세요."

"네… 뻑뻑하네요… 했어요. 아, 계기판에도 ARM 되었다고 글자가 표시되네요!"

"릴리, 훌륭해요. 계기판에 메시지가 보일 정도로 시야가 좋아졌어요. 그 계기판에 랜딩기어와 플랩의 위치도 표시된답니다. 한번 보세요."

"네, 초록색 네모 표시가 세 개 있어요. 랜딩기어가 내려왔다는 표시 같아요. 플랩도 20 숫자를 가리키고 있어요."

"좋아요. 릴리가 정확하게 잘 조작한 거예요."

◉ 이제 ILS 유도 시그널을 타보자

스티브와 알렉스는 활주로 최종 착륙 방향으로 비행기를 유도했다. 스티브가 불러주는 방위를 방위 창에 입력하자 비행기는 천천히 활주로를 향해 선회하기 시작했다.

"릴리, MCP 맨 우측 아래에 'APP'라는 스위치가 있어요. 그

걸 누르세요."

"네, 눌렀어요. 어, 계기판에 글자들이 바뀌어요."

"맞아요. 이제 활주로 접근을 시작합니다. 잠시 후 비행기가 계기착륙 시스템(ILS)의 시그널을 잡으면 그 시그널을 따라 활주로까지 비행할 거예요. 자세계 아래와 오른쪽 옆을 보세요. ILS 시그널 표식이 나타났을 거예요."

"네, 다이아몬드 모양의 포인터가 나타났어요. 이것이 그 시그널인가요?"

"맞아요. 아래의 포인터가 좌우 횡축, 오른쪽 포인터가 상하 종축을 나타내요. 둘 다 가운데 있으면 제대로 비행하는 거예요. 이제 플랩(Flap)을 30에 맞추고, 속도를 145에 맞추세요."

릴리는 스티브의 안내대로 조작했다. 이제 최종 착륙 속도로 감속한 것이다. 이제 착륙할 준비가 다 되었다. 스티브가 마지막 안내를 한다.

"제가 할 일은 여기까지입니다. 주파수를 관제탑 118.1로 변경하세요. 제 친구 마크가 기다리고 있어요. 릴리, 잘 따라주어서 정말 고마워요. 행운을 빌어요."

"네네. 주파수를⋯ 118.1⋯."

릴리는 제대로 고맙다는 인사도 못 하고 주파수를 변경했다. 새로운 주파수에 뭐라고 말해야 할지 생각나지 않아 그냥 촌스럽게 "여보세요"라고 말했다. 그러자 다른 사람이 응답했다. 공항 관제탑에서 기다리던 또 다른 베테랑 기장 마크였다.

✈ 이제 착륙이다!

"용감한 릴리, 안녕하세요. 저는 마크입니다. 앞에 활주로가 보이나요?"

"네, 안녕하세요, 마크. 음…보이는 것 같…아, 네 잘 보여요. 불빛이 정말 예쁘네요!"

"네. 그 활주로에 착륙할 겁니다. 비상 차량들이 대기하고 있어요. 혹시 정면 자세계 가운데 위쪽에 'LAND3'이라는 글자가 표시되어 있나요? 네모 모양 상자 안에 알파벳 L. A. N. D 그리고 숫자 3이요."

"네, 있어요. 이게 뭐죠?"

"좋아요. 안전하게 자동착륙을 할 수 있다는 표시입니다. 혹시 이 표시가 다른 글자로 바뀌거나 사라지면 꼭 말해주세요."

"그러면 어떻게 되죠? 설마 추락하는 건가요?"

"아니에요, 릴리. 추력 레버 손잡이 위쪽에 네모난 스위치가

두 개 있어요. 이것을 누르면 비행기가 자동으로 고 어라운드 (Go Around：비행기가 착륙을 포기하고 다시 상승하는 것)를 해요. 'LAND3'와 'LAND2'는 괜찮아요. 자동착륙을 할 수 있다는 뜻 이에요. 혹시 이 표시가 'LAND3'나 'LAND2' 외에 다른 글자 로 바뀌면 얼른 말해주세요. 그 스위치를 눌러야 해요. 마음이 급하면 못 찾을 수 있으니 지금부터 손가락을 그 스위치 위에

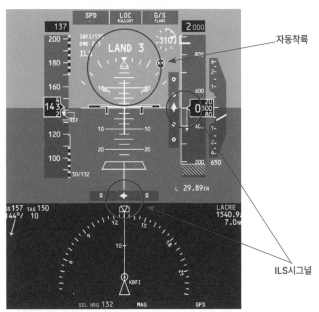

비행 계기 디스플레이

살짝 얹어 놓으세요. 제가 말하기 전에는 절대 누르지 말고요."

"네네… 이렇게 살짝 손가락을 …."

릴리의 목소리가 떨리기 시작했다.

"릴리, 걱정 말아요. 안전하게 착륙할 거예요."

마크도 다가오는 비행기를 응시하며 손에 땀을 쥐었다. 쌍안경으로 보니 랜딩기어가 잘 내려와 있었고 안정된 자세로 천천히 날아오고 있었다.

활주로가 점점 다가오고 땅이 가까워지자 릴리는 점점 겁이 났다. 온몸이 경직되고 정신이 혼미해지는 것 같았다. 그때 갑자기 따뜻한 온기가 느껴져 내달리던 심장박동을 진정시켜주었다. 케빈이 옆에서 릴리의 어깨에 손을 얹어준 것이다. 케빈은 고개를 끄떡여 보였고, 릴리도 케빈을 향해 미소를 지었다. 긴장되었지만 기도할 여유도 없었다. 시선은 눈앞에 놓인 활주로와 계기판의 'LAND3' 사이를 번갈아 오가고 있었고, 오른손 검지와 중지는 추력 장치 위의 '고 어라운드' 버튼에 대고 있었다. 행여나 긴장해서 잘못 눌러버릴까 봐 손가락에 힘을 최대한 뺐다.

창밖의 활주로는 점점 커졌고, 장난감 같던 건물, 자동차, 사람들이 서서히 '진짜'가 되고 있었다. 릴리는 시간이 멈추었으면 좋겠다는 생각을 했다. 이게 연습이면 좋을 텐데. 처음부터 다시 하면 진짜 잘할 수 있을 텐데!

'잠깐만… 잠깐만…!'

릴리의 바람과 상관없이 드디어 비행기가 활주로 위에 올라섰다. 낯선 남자의 목소리가 숫자를 읽기 시작했다.

"피프티(Fifty), 포티(Forty), 써티(Thirty)…."

컴퓨터가 고도를 읽어주는 소리였다. 바로 그때, 지면에 그대로 충돌할 것만 같았던 비행기가 신기하게도 서서히 기수를 들기 시작했다. 추력 레버도 저절로 당겨졌다.

"투엔티(Twenty)…, 텐(Ten)…, 파이브(Five)…."

숫자 소리가 점점 느려지더니 잠시 후, 적당한 충격으로 뒷바퀴가 땅에 닿는 느낌이 들었다. 이어서 기수가 천천히 내려가면서 앞바퀴도 미끄러져 닿았다. 브레이크가 먹기 시작했는지 몸이 앞으로 쏠리면서 감속하기 시작했다. 비행기가 거의 멈출 때까지도 릴리는 정신이 나가 있었다. 이때 마크의 다급한 목소리가 들렸다.

"릴리! 릴리! 내 말 들려요? 대답해주세요!"

"네, 네. 어머나, 이제 어쩌죠?"

"조종간 아래 러더(Rudder)가 발에 닿나요?"

"네, 네. 페달 두 개요?"

"네. 그 두 페달의 윗부분에 각 발을 대고 동일한 힘으로 꾹 누르세요. 그것이 브레이크예요. 그리고 추력 레버 왼쪽 아래

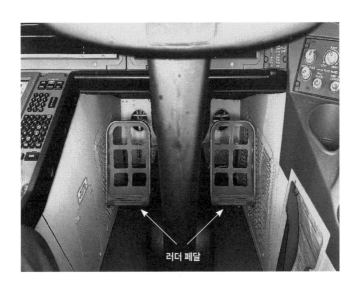

러더 페달

에 파킹 브레이크(Parking Brake) 레버가 있어요. 그것을 위로 올리세요."

릴리는 다리를 길게 뻗어 페달을 눌렀다. 비행기가 완전히 멈추는 느낌이 들었고 자동브레이크가 꺼졌다는 경고등이 들어왔다. 오른손으로 추력 레버를 더듬더듬하며 파킹 브레이크를 찾았다. 자동차 사이드 브레이크를 상상했지만 "여기, 여기야!" 하며 케빈이 다급하게 손가락으로 가리켜준 레버는 정말 손가락만 한 똑딱이 스위치 같았다. 그런데 이 레버를 당겨 올려도 자꾸 다시 내려갔다. 케빈의 조언으로 브레이크를 밟는 힘을 풀었다 조였다 하며 계속 레버를 당겨보니 어느 순간 레버가 걸리면서 계기판에 'Parking Brake Set'이라는 글자가 떴다.

"아, 이제 걸린 것 같아요."

 착륙 성공! 시동을 끄자

"좋아요. 이제 추력 레버 아래에 두 개의 연료 컨트롤 스위치를 찾아 아래로 내리세요. 그냥 누르지 말고 스위치를 잡고 살짝 위로 들었다가 내려야 해요."

릴리가 두 개의 스위치를 아래로 내리자 엔진 시동이 멈추는 것이 느껴졌다. 동시에 전기가 나가면서 세상이 어둡고 조용해졌다.

"갑자기 전등과 계기판이 꺼졌어요. 제가 뭔가 잘못한 건가요?"

"아니요, 엔진 시동을 끈 거예요. 이제 모두 안전해요!"

"음… 이제 뭘 하죠? 변속기는 어디에 있죠? 그대로 두어도 되나요?"

아직도 당황하는 릴리를 진정시키며 마크가 말했다.

"하하하, 비행기에는 변속기가 없어요. 이제 다 끝났어요. 계단차와 구조대가 곧 도착할 겁니다. 아, 승객들이 동요하여 탈출할 수 있으니 어서 기내 방송을 하세요. 릴리, 잘했어요. 당신이 영웅입니다!"

마크의 밝은 웃음소리에 이제 안전하게 착륙했음을 실감할 수 있었다. 릴리와 케빈은 두 팔을 크게 뻗어 하이파이브를 하고 서로 부둥켜안았다. 릴리의 두 눈에 눈물이 찔끔 맺혔다. 잠

시 후, 릴리는 두근거리는 가슴을 쓸어내리고 씩씩한 목소리로
기내 방송을 했다.

"여러분, 기장 릴리입니다. 방금 인천공항에 안전하게 착륙
했습니다!"

기장과 부기장은 정말 서로 다른 기내식을 먹을까?

맞다. 기장과 부기장에게 각각 따로 지정된 기내식이 제공되고, 서로 다른 음식으로 구성되어 있다. 규정이 그렇다. 항공사에 따라 음식 포장에 기장, 부기장 표식까지 붙어 있는 경우도 있다. 서로 식사 시간을 다르게 하여 두 명이 동시에 식사하는 것을 금지하는 항공사도 있다. 한 조종사가 어떤 음식을 먹고 탈이 나도 다른 조종사는 멀쩡하도록 안전장치를 마련한 것이다. 기내식은 기내식 회사에서 보안검사를 통과한 식자재와 사람들에 의해 만들어지며, 완성된 기내식도 보안구역 안에서 이동하여 비행기에 실리므로 위의 글처럼 독극물 테러가 발생하는 일은 쉽지 않다.

조종사 식사라고 뭐 특별한 음식은 아니다. 이코노미 클래스 수준의 음식이다. 배정받은 음식이 입맛에 맞지 않으면 어떻게 할까? 부기장이나 객실승무원과 잘 협상해서 바꿔 먹어도 된다. 어떤 기내식을 먹든 기장과 부기장이 서로 다른 음식만 먹으면 된다. 만약 집에서 싸 오거나 밖에서 가져온 음식을 먹는다면? 원래는 안 된다. 하지만 현실적으로 이걸 막을 수가 없다. 다만 문제가 생기면 본인이 책임을 져야 한다.

"비행 중 겁날 때라면…있지. 막 이륙하려는데 오늘이 결혼기념일이란 사실을 알았을 때. 공항에 도착했는데 여권을 안 가져온 걸 알았을 때. 부기장의 경우는 무서운 기장이 오늘따라 컨디션이 안 좋아 보일 때 등등…." 이라고 대답하면 정답이 아니겠지. 하지만 공감하는 조종사들이 있을 것이다. 다시 한 번 도전!

"조종사가 겁날 때?… 라고 하면 비행기에 결함이 생기거나 기상이 안 좋을 때, 비상상황이 되었을 때라고 상상할 수 있습니다. 물론 그런 때도 긴장이 되지요. 하지만 나의 경우, 단순히 이런 상황만으로 겁이 나지는 않습니다. 비행 중 겁나는 경험은 나도 몇 번 겪어본 적이

있는데, 모두 '오늘 이상해. 오늘이 그날인가?'라는 의심
이 생길 때였습니다."

징크스나 미신을 믿는 것은 아니다. 하지만 끔찍한 사고
를 보면 항상 머피의 법칙이 성립한다. 논리적으로 설명
할 수 없는 불운의 사슬 같은 것 말이다. 피구를 할 때
요리조리 공을 잘 피하는 사람도 언젠가는 날아오는 공
을 피하지 못할지도 모른다는 생각을 한다. 아무리 잘
피해도 같은 편 친구들이 하나둘 쓰러지면서 나에게 포
화가 집중될 것 같은 두려움. 갑자기 생각지 못한 곳에
서 공이 날아올 것 같은 불확실성. 나는 비행할 때 백 번
에 한 번 일어날까 말까 한 상황이 연속적으로 일어날

때 무엇보다 겁이 난다. 통계적으로는 설명이 안 되지만

진짜 일어난다. 실제 경험을 한 예로 이야기해보겠다.

큐!

· · ·

![airplane icon] 얄미운 중국 관제사

모스크바에서 서울로 돌아오는 비행 편. 중국 영공에 들어서자 관제사가 고도를 강하하라고 지시했다. 항로에 교통량이 많아 원하는 고도를 배정해줄 수 없다는 것이다. 한 2,000~4,000피트(600~1,200미터) 내려가라고 할 줄 알았는데 무려 14,000피트(4,200미터)나 내려가라고 했다. 중국 영공에서 계획된 고도보다 낮게 가는 것은 흔한 일이지만 그 정도로 낮게 가는 것은 처음이었다. 낮은 고도로 비행하면 공기 저항이 강해져 연료 소모가 많아진다. 나는 연료를 계산해보았다. 다행히 착륙할 때 필요한 최소 연료량은 충족할 수 있을 것 같았다.

"아, 젠장. 인천공항에 내리면 8,000파운드밖에 안 남겠다.

계획보다 6,000파운드나 더 쓰는 거네. 인천공항 날씨가 좋아서 다행이다."

그나마 날씨가 좋아 회항할 필요가 없으니 예비 연료를 추가로 쓸 수 있었다. 드디어 대한민국 공역에 진입했다. 그때 인천공항 접근 관제사가 말했다.

뜻밖의 착륙 지연

"대한항공 XXX편, 착륙 순서 24번째입니다. 홀딩(Holding: 체공비행) 예상하십시오."

한마디로 교통이 복잡하니 공중에서 빙빙 돌면서 순서를 대기하라는 것이다. 하필이면 오늘 인천공항이 이렇게 붐비다니. 이런 맑은 날씨에 '24'번째라는 숫자를 듣는 것도 드문 일이었다. 비행기가 붐비는 이유는 하필 그 시간에 한 활주로가 작업을 위해 폐쇄되었기 때문이었다. 인천공항은 보통 두 개의 활주로를 착륙에 사용하는데, 예고도 없이 34번 활주로가 폐쇄되어 오직 33R번 하나만 착륙에 사용되고 있었다. 24대의 비행기가 2분에 한 대씩 착륙한다고 가정하면 나는 48분 후에 착륙한다는 계산이 된다. 20분이면 갈 수 있는 거리인데 28분이 더 걸리면 연료를 아무리 아껴도 4,000파운드 정도 더 써야 한다.

"저희 비행기 연료가 모자랍니다. 순번을 조금 앞으로 당겨 주십시오."

"지금 비상 연료 상황입니까? 비상을 선포하는 거예요?"

"아, 아닙니다. 아직은 아니지만 이대로 순번을 지키면 비상 연료량이 될 가능성이 있습니다."

"비상 선포를 하지 않으면 우선권을 드릴 수 없습니다. 비상 연료 상황이 되면 말하세요."

지금은 규정이 좀 바뀌었지만 그 당시는 비상을 선포하는 최소 연료량 기준이 약 4,000파운드(A330, 착륙 후 잔량 기준) 정도였다. 예상되는 지연 시간을 생각하면 착륙할 때 딱 그 정도 연료가 남을 것 같았지만, 공항이 코앞에 있다 보니 거리상으로는 잔여 연료량에 여유가 있어서 비상을 선포하기는 힘든 상황이었다. 하지만 바늘로 찔러도 피 한 방울 안 나올 것 같았던 관제사도 알고 보니 우리 사정을 걱정하고 있었나 보다. 순서가 12번째쯤 되었을 때 말해주었다.

"대한항공 XXX편, 순서 7번째입니다. 연료 상황은 어떻습니까?"

순서를 앞으로 당겨 시간을 10분이나 줄여주었다. 나는 계기 앞에 대고 절을 하면서 대답했다.

"고맙습니다! 연료 상황은 괜찮습니다. 고맙습니다!"

비행기는 활주로를 향해 선회하여 최종 접근 단계에 들어섰으며, 드디어 착륙 순서가 되었다. 이대로 착륙하면 6,000파운드가 조금 넘게 남아 최소 연료량을 충분히 넘길 수 있었다. 33R 활주로에 착륙 허가가 내려졌다. 이제 아무 문제도 없어 보였다. 바로 그때!

 머피의 법칙

"인천타워, 대한항공 OOO편입니다. 비행기 스티어링이 고장 났습니다. 활주로를 빠져나갈 수 없습니다. 견인차를 불러야 할 것 같습니다."

무선통신기에서 황당한 말이 들렸고, 눈앞에 훤히 보이는 활주로 위에 비행기 한 대가 꿈쩍 않고 버티고 있었다. 바로 앞 순서로 착륙한 비행기가 노즈 랜딩기어(Nose Landing Gear : 앞바퀴)의 조향장치 고장으로 활주로를 빠져나가지 못하는 것이었다. 인천공항 관제탑도 긴장했는지 순간 말이 없었다. 곧이어 관제탑장으로 보이는 다른 관제사 목소리가 긴박하게 나를 불렀다.

"대한항공 XXX편, 고 어라운드(Go around) 하세요!"

'헐? 이 상황에서 착륙하지 말고 다시 올라가라고?'

잠시 멍해졌다가 머리를 흔들어 깨웠다.

'생각을 해, 생각을!'

"안 됩니다! 33L로 사이드스텝 착륙을 요청합니다."

사이드스텝 착륙(Side-Step Landing)이란 최종 접근 중에 활주로를 변경하여 가까운 평행 활주로에 착륙하는 것을 말한다. 33L 활주로는 접근하고 있던 33R 활주로 왼쪽에 놓여 있는 평행 활주로였다. 하지만 이 활주로는 이륙 전용이었고, 이미 다른 비행기가 이륙을 위해 활주로에 진입하고 있었다. 잠시 뜸을 들이더니 관제사가 다시 한 번 소리쳤다.

"XXX편, 고 어라운드!!"

⑨ 징크스? 아니야, 정신 차려!

결국 파워를 넣고 고 어라운드를 했다. 상승을 위해 풀 파워를 사용하니 연료량이 뚝뚝 떨어졌다. 조금 전까지만 해도 짜증 내고 농담도 했지만 이제는 가슴속에 차가운 기운이 스며들어 표정이 굳고 말문도 막혔다. 어떻게 이럴 수가 있지? 나만고 어라운드를 했다. 그 사이에 33L 활주로에 있던 비행기가이륙을 했고, 내 뒤의 비행기들은 활주로를 바꾸어 33L에 차례로 착륙했다. 나만 착륙을 못한 것이다! 과연 이것은 징조인가?

덜컥 겁이 났다. 하필 중국 영공에서 비정상적으로 낮은 고도를 배정받아 연료를 엄청 소모했다. 하필 인천공항은 활주로공사로 비행기가 붐볐고, 관제사에게 싹싹 빌어 순서를 당긴것이 하필 고장 난 비행기 바로 뒤였다. 불운의 연속이 한 방향을 향하고 있었다. 이다음에는 무슨 일이 또 하필 닥칠 것인가?오늘이 바로 '그날'인가?

"땡!"

조종실 경고음이 나를 깨웠다. 탱크에 연료량이 적다는 경고였다. 자동차 연료 경고등처럼 말이다. 그 순간 내 마음속 파도가 잔잔해졌다. 불평과 한탄은 두려움에서 나를 구해주지 못한다. 의도한 것도 아닌데 머리가 맑아지고 시야가 넓어져 마치AI 로봇이 된 것 같았다. 연료 잔량을 다시 계산하니 이제부터정상 경로를 따라 다시 착륙하면 2,400파운드밖에 남지 않는다. 착륙할 때 비행기의 자세에 따라 자칫하면 엔진이 꺼질 수도 있는 적은 연료량이다. 때마침 관제사가 나를 불렀고 침착하게 대답했다.

"XXX편, 지금 연료량이 얼마입니까?"

"지금 5,000파운드 정도입니다. 표준 절차에 따라 다시 접근을 시작하면 비상 연료가 될 것으로 예상합니다."

"네, 알겠습니다. 1,400피트로 강하하세요. 숏컷(Short-Cut Approach)으로 유도하겠습니다."

짧은 지름길로 안내하겠다는 뜻이다. 관제사는 침착하고 능숙하게 가장 빨리 착륙할 수 있는 길을 찾아 나를 유도해주었다.

✈ 다음에 날아올 공을 피해라

아무리 날씨가 나빠도, 비행기가 고장 나도 나는 어떻게 대처할 줄 안다. 모든 것을 통제할 수 있다고 확신을 가지고 있다. 하지만 이런 황당한 상황이 벌어지면 정말로 '거역할 수 없는 운명이란 것이 있나?'라는 질문을 하게 된다. 의문을 풀어줄 방법은 딱히 없다. 그냥 맞설 수밖에. 날아오는 피구 공을 하나 피하고, 또 피하고, 또 피했으니 그 다음은? 포기하지 않고 또 피할 수밖에.

또 다른 공이 날아왔을 때 내가 포기할까 봐 두렵다. 언젠가는 피할 수 없을 거라는 생각이 들까 봐 두렵다. 그런데 조종사라는 직업은 포기하고 싶어도 포기할 수 없다. 때로는 포기할 수 있는 권리도 있으면 좋을 텐데. 그런 면에서 이 직업 참 별로다.

다행히 관제사는 단 몇 분 만에 착륙할 수 있도록 안내해주었고, 안전하게 착륙했다. 연료는 4,000파운드가 조금 넘게 남았다. 더 이상 우연한(아니, 우연하게 보이는 것일 수도 있겠다) 불운은 없었다.

지나고 보면 내가 겪은 비행 경험 중에 그리 위험한 순간도 아니었다. 하지만 순간적으로 밀려오는 검은 연기 같은 불길한 예감은 나를 바짝 쫄게 만들었다. 다행인 것은, 그 순간 감정을 지우고 다음에 날아올 공을 피하려고 자세를 취할 수 있었다는 것이다.

통계적으로 설명할 수 없는 이상한 일은 아주 가끔 일어난다. 28년 동안 비행을 하면서 네다섯 번 정도 경험했다. 이 정도 겪었으면 이제 자신감을 가질 수도 있지 않을까? 그렇지 않다. 지금도 출근할 때 유니폼 단추라도 떨어지면 바짝 긴장한다. 이런 것은 자신감으로 해결할 문제는 아닌 것 같다. 그렇다 보니 성수, 십자가, 부적, 오마모리(일본 사람들이 행운과 건강을 빌기 위해 몸에 지니고 다니는 작은 부적) 등 모든 종교를 망라한 이런저런 성물을 갖고 다닌다.

안 괜찮다. 잘못 맞으면 큰일 난다. 따라서 조종사는 뇌우를 동반한 강한 비구름을 피해 비행해야 한다. 하지만 상업용 비행기가 항상 좋은 날씨에만 비행할 수 없다 보니 비구름 속에서 가끔 번개에 맞는 일이 생긴다. 미국의 통계에 따르면 상업용 비행기 한 대당 1년에 평균 한 번 정도 번개에 맞는다고 한다.

실제로 1963년 팬암항공 B707 비행기가 번개에 맞아 연료탱크가 폭발한 적이 있다. 이를 계기로 번개로부터의 피해를 최소화하기 위한 번개 보호 기술이 빠르게 발전하고, 미국연방항공청(FAA)에서 항공기 제작을 허가하는 기준도 더욱 엄격해졌다. 자, 그럼 번개에 대해 한번 이야기해볼까? 큐!

번개의 피해를 줄이기 위한 비행기 설계

충분히 겁을 주었으니 이번에는 좀 안심을 시켜보자.

상업용 비행기는 번개로부터 어느 정도 비행기를 보호할 수 있도록 만들어져 있다. 맑은 날에만 비행할 수는 없기 때문이다. 순항 중 고고도에서 만나는 썬더스톰(Thunderstorm : 뇌우를 동반한 먹구름) 구름은 조종사들이 잘 피해 다니기 때문에 번개에 맞는 경우가 거의 없다. 번개를 맞는 경우는 주로 5,000~15,000피트(1,500~4,500미터) 사이의 저고도에서다. 번개 보호 설계가 잘 되어 있는 비행기라면 이 단계에서 번개에 맞아도 대부분 큰 피해 없이 계속 안전하게 비행할 수 있다.

번개로부터 피해를 최소화하기 위해서는 무엇보다 비행기의 표면이 전기를 잘 흘려보낼 수 있도록 만들어져야 한다. 번개는 보통 비행기의 끝부분, 예를 들어 날개 끝(Wing tip)이나 레이돔(Radome : 비행기의 앞부분)처럼 돌출된 부분에 맞기 쉬운데, 번개에 맞더라도 전기가 기체 표면을 타고 반대쪽 끝까지 흘러 공기 중으로 빠져나간다. 따라서 표면이 매끈하고 표면 재질의 전도율이 좋아야 한다. 전기가 부드럽게 흐르지 못해 도중에 응집되어버리면 피해가 커질 수 있다.

비행기 동체는 일반적으로 전도율이 높은 알루미늄으로 만들어져 있어 전기가 흐르는 데 문제가 없다. 하지만 조종면(Control Surfaces : 에일러론, 러더와 같이 날개와 꼬리날개 끝에 달린 방향타를 통칭해 말한다. 조종간을 움직이면 조종면들이 따라 움직여 비행기의 자세가 바뀐다)처럼 합성 재질로 만들어진 부분은 전기가 잘 통하지 않을 수 있기 때문에 섬유 재질을 섞어 전기가 잘 흐를 수 있도록 해야 한다. 특히 무게를 줄이기 위해 알루미늄 대신 첨단 소재로 기체를 만드는 최신 비행기는 더욱더 이 부분을 신경 써야 한다.

전기가 기체 표면 위에서만 흐르고 내부의 기계 장치로 흐르지 않도록 설계하는 것도 중요하다. 기체 표면의 틈새, 연료 주입구, 여러 가지 해치나 구멍 등을 통해 전기가 내부로 흐르지 않도록 처리해야 하고, 번개가 흐르는 표면과 맞닿아 있거나 가까이 있는 부품들은 전기 충격으로부터 보호받도록 쉴드(전기장, 자기장의 차폐) 처리되어야 한다.

기체 표면을 잇고 고정시키는 수천 개의 리벳(Rivet : 대갈못. 머리가 둥글고 버섯 모양으로 생긴 못)들도 표면의 전기 흐름을 방해하지 않도록 매끈하게 박아야 한다.

그럼에도 비행기가 번개에 맞으면 생기는 일

비행기가 번개에 맞으면 소총이 발사되는 듯한 섬뜩한 폭음이 발생하고, 순간적으로 섬광이 번뜩인다. 번개에 맞은 표면에는 상처가 생기는데, 불과 3~4cm 정도의 상처만 나도 무시무시한 폭발음과 섬광이 발생한다. 번개가 비행기 내부에 직접 충격을 주지는 않더라도 강력한 자기장으로 비행계기나 전자, 컴퓨터 장치에 순간적인 충격을 줄 수도 있다. 따라서 비행기가 번개에 맞았다면 착륙 후 반드시 정밀검사를 해야 한다.

나는 평생 딱 두 번 번개에 맞았다. 한 번은 부기장석 창문 바로 아랫부분에 맞았는데, 워낙 가까운 부분에 맞아 폭발음이 엄청났다. 부기장은 충격으로 헤드셋이 벗겨져 날아가고 몇 분

I HATE THIS FEELING
©신지수

동안 정신을 차리지 못했다. 그리고 강한 자기장으로 인해 조종실 계기 전체가 한 번 껌벅하더니 디스플레이 화면들이 흑백 혹은 무지개색으로 변하였다. 워낙 가까운 부분에 맞아서였겠지만, 그때의 느낌을 좀 과장하면 마치 참호 앞에 수류탄이 터진 것 같았다.

또 한 번은 꼬리 쪽에 맞아 소리도 좀 작았고 조종실에는 큰 영향이 없었다. 다만 꼬리 쪽에 가까이 앉아 있던 승객이 큰 충격을 받은 모양이었다. 비행기에서 내리자마자 승무원과 직원들을 붙잡고 번개에 맞아 너무 무서웠다고 가슴을 쓸어내리며 호소를 했다.

날개 끝에 달린 작은 봉들은 피뢰침?

비행기 날개와 꼬리날개 끝에 안테나 같은 작은 봉들이 여러 개 달려 있다. 정전기를 흘려보내는 스태틱 디스차저(Static Discharger)인데, 이것을 피뢰침으로 오해하는 사람들이 있다. 번개와는 상관없는 장치다. 그럼 뭐냐고?

구름 속에서는 물방울들이 정전기를 일으킨다. 또한 물기가 없어도 기체와 공기의 마찰이 정전기를 일으킬 수 있다. 정전기도 전기다 보니 기체 표면을 타고 뾰족한 부분으로 모이게 되는데 통신 안테나, 항법 안테나로 모이기 쉽다. 안테나에 모인 정전기가 전파를 방해하고 노이즈를 일으키면 당연히 비행에 나쁜 영향을 끼칠 수 있다. 이를 막기 위해 기체 끝에 뾰족한 침봉들을 여러 개 달아 정전기들이 흘러들어 오도록 유도한 다음, 공중으로 다시 방출하는 것이다.

큰 비행기와 작은 비행기, 어떤 것이 더 안전할까?

"안전하고 안 하고는 비행기 사이즈랑 상관없어. 정신 차리고 비행하면 사고 안 나!"

아, 이건 아닌 것 같다. 너무 무식해 보인다.

"자가용이나 관광용 소형 항공기의 사고율이 운송용 대형 항공기보다 훨씬 높습니다. 그 이유가 단지 비행기 크기만의 문제라고 단정할 수는 없습니다. 크든 작든 모든 비행기는 테스트를 거쳐 안전하게 제작합니다. 그렇다면 작은 비행기는 왜 사고가 더 많이 날까요?"

자료를 찾아보니 경비행기가 훨씬 사고가 많다. 세스나

(Cessna), 파이퍼(Piper) 같은 경비행기는 느리고 가벼워 안전한 줄 알았다. 급하면 초등학교 운동장에도 내릴 수 있을 것 같으니까. 그런데 그게 아닌가 보다. 나도 잘 모르지만 일단 이야기 큐!

   ● ● ●

미국교통통계청(BTS : Bureau of Transportation Statistics) 기록
에 따르면, 2019년 미국의 59개 항공사(미국연방항공법 14CFR
part.121에 적용되는 항공사)는 약 1,980만 시간을 비행했다. 그중
40번의 사고가 발생해 4명이 죽었다. 사망 사고는 단 2건이었
다. 반면 상업용이 아닌 일반 항공기로 등록된 비행기들은 같
은 해 약 2,180만 시간을 비행했고, 1,220번의 사고가 발생했
다. 그중 사망 사고는 223건이었고 모두 414명이 죽었다.

이 통계에서 말하는 '항공사'의 비행기란 최소 10석 이상이다.
자가용, 관광용으로 사용하는 일반 소형 비행기는 이런 비행기
에 비해 사고율이 10배가 넘고, 사망 사고율은 100배나 된다. 그
렇다면 작은 비행기는 큰 비행기에 비해 어떤 위험이 있는 것일
까? 내가 생각한 몇 가지 이유를 가지고 나름대로 추정해보겠

다. 그냥 추정이다. 난 이 분야의 전문가도 아니고 연구해서 논문을 써본 적도 없다. 하지만 이야기 정도는 해도 되지 않을까?

✈ 큰 비행기는 더 안정적이다

작은 비행기는 출력이 작고 무게가 가볍다. 쉽게 말해 센 바람에 낙엽처럼 훌러덩거릴 수 있다. 사실 대기의 질량은 어마어마하다. 그 큰 비행기가 올라타서 날아갈 정도이니 기류의 힘이란 지상에서 상상하는 것보다 훨씬 세다.

물리 시간에 배운 것처럼 물체가 무겁고 빠르면 운동에너지도 커진다. 큰 비행기는 운동에너지가 큰 만큼 비행 중 거친 기류에 버티는 힘도 세져서 작은 비행기보다 안정된 비행을 할 수 있다. 자세히 보면 출력이 센 제트기의 날개는 프로펠러 비행기의 날개보다 작고 날쌘 모양을 하고 있다. 소형 비행기는 기체에 비해 날개가 크고 넓적해 난기류에 더 많이 흔들린다.

🛰 비싼 비행기일수록 첨단 안전장치가 더 많다

고급 자동차에 안전 옵션이 더 많은 것처럼 비싼 비행기에도 안전 기능과 백업 장치가 더 많다. 비싸기 때문에 그런 것일 수도 있고, 이런 장치가 많아 비쌀 수도 있다. 민간 항공기는 보통 클수록 더 비싼 법인데(군용기나 특수 목적의 비행기 말고), 만약 비행기를 싼 가격에 크기만 뻥튀기해서 만들면 과연 잘 팔릴까? 꼭 그렇지 않을 것이다. 사람의 목숨을 걸고 도박을 할 수는 없기 때문이다.

대형 항공기는 한 번의 사고가 많은 사람의 목숨을 빼앗을 수 있으니 안전을 더 강화해야 하는 것은 당연하다. 비행기의 안전 기능이란 쉽게 말해 위험한 상황을 피하거나 벗어날 수 있도록 돕는 다양한 기능이고, 백업 장치란 어느 한 기능이 고장 나면 그것을 대신하도록 고안된 장치라고 보면 된다.

큰 비행기가 충돌에도 강하다

앞서 말한 것처럼 큰 비행기는 빠르고 무거운 만큼 운동에너지도 강하다. 에너지가 강하다 보니 지면에 충돌하면 작은 비행기보다 충격이 더 클 것이다. 하지만 예상과 달리 약 200명이 탑승하는 보잉 B737 비행기는 40~50인승 터보 프로펠러 비행기보다 추락했을 때(최대한 비슷한 조건으로 추락했다고 가정하자) 승객의 생존율이 더 높다고 한다. 큰 비행기의 기체가 튼튼하고 충격도 더 잘 흡수하기 때문이다. 반면에 작은 비행기는 에너지가 작아도 충돌하면 승객이 직접 충격에 노출될 위험이 더 크다. 경차는 같은 속도의 대형차보다 운동에너지가 작지만 충돌했을 때의 위험은 훨씬 클 수 있는 것과 마찬가지다.

큰 비행기의 조종사는 대체로 경험이 더 많다

항공사의 조종사는 일반 조종사보다 더 엄격하게 훈련받는다. 똑같은 프로페셔널 조종사라 해도, 일반적으로 큰 비행기의 조종사가 작은 비행기의 조종사보다 경험이 더 많다. 대부분의 항공사 조종사들은 기회가 되면 작은 비행기에서 큰 비행기로 커리어를 업그레이드하고자 한다. 보통은 큰 비행기의 조종사가 작은 비행기 조종사보다 더 좋은 대우를 받고(백프로는 아니다), 더 나은 근무 환경에서 일한다. 월급이 많고 근무 조건이 좋으면 기량 좋은 조종사가 모이기 마련이다.

큰 비행기는 국가에서 더 엄격한 관리를 한다

앞서 미국의 항공법을 언급했지만, 비행기의 크기와 비행의 목적에 따라 항공법도 다르게 적용된다. 즉, 더 크고 더 많은 승객을 운송하는 비행기는 국가가 더 철저하게 감독한다. 비행기가 잘 날 수 있는 것을 감항성(Airworthness)이라 한다. 이 감항성이 잘 유지되고 있음을 국가가 보증하는 것을 '감항증명'이라 한다. 정부는 등록된 모든 비행기의 감항성을 주기적으로 점검해 감항증명을 발행한다. 이것 없이 비행기가 뜨면 불법이 된다. 그 과정에서 상업 운송을 하는 큰 비행기는 일반 소형 비행기보다 더 엄격하게 점검을 받는다.

특히 정기 운항을 하는 항공사는 비행기뿐만 아니라 정비, 운항 통제, 조종사 훈련 등 안전과 관련된 전반적인 업무까지 모두 정부의 감독을 받아야 한다. 뭔가 안전에 위반되는 것이 발견되면 벌금을 내거나 불이익을 받는다. 법이 그렇게 하도록 되어 있다. 항공 운송은 국가가 국민의 안전과 편의를 위해 잘 관리해야 하는 대중교통 체계의 일부분이기 때문이다.

지구상에서 가장 안전한 교통수단은?

이런 이유들 때문에 소형 비행기의 사고율이 더 높은가 보다. 만약 장거리 여행을 가려고 할 때 선택할 수 있는 교통수단이 여러 가지 있다면 가장 안전한 것은 무엇일까? 나라면 이름 있는 항공사가 운항하는 큰 제트기를 선택할 것 같다. 소규모 지역 항공사가 운항하는 터보 프로펠러 비행기보다 좀 더 안전할 것 같다.

같은 B737 비행기라도 운임이 말도 안 되게 싸면 의심이 간다. 혹시 경험이 적고 피로에 지친 조종사가 조종할지도 모른다. 직접 세스나172 비행기를 타고 가면 어떨까? 재미있을 것 같긴 하지만 내가 직접 조종한다고 해도 정기편 여객기보다 안전할 것 같지는 않다.

비행기를 타려고 보니 겁도 나고 이런저런 걱정이 생긴다. 그렇다면 자동차를 운전해서 가면 어떨까? 나도 자주 운전하지만 좋은 선택은 아닌 것 같다. 사람이 비행기에서 죽을 확률보다 운전석에 앉아 죽을 확률이 훨씬 높기 때문이다. 기차는 어떨까? 누구나 쉽게 예상하겠지만 실제로 기차는 매우 안전하다. 좋은 선택일 듯하다. 하지만 아는가? 기차가 모든 교통수단 중에 가장 안전한 것은 아니라는 것을. 그렇다면 안전 넘버원은 무엇일까? 설마 비행기?

못 믿겠다는 사람도 있을 것이다. 2013년 미국 노스웨스턴대학의 경제학자 이언 새비지(Ian Savage) 박사가 발표한 연구에 따르면, 2000년부터 2009년까지 미국의 모든 교통사고를 분석한 결과, 10억 여객마일(Passenger-miles : 총여행자 수와 해당 교통수단이 이동한 총거리를 곱한 것) 당 사고 사망자는 비행기가 0.07명으로 가장 적었다. 그다음으로 대중 버스가 0.11명, 기차가 0.43명이었다. 의외로 버스가 기차보다 더 안전했다. 택시, 자가용 등 모든 종류의 자동차가 7.3명이었고, 오토바이는 무려 212명이나 되었다.

이 결과를 보니 나 직업 잘 선택한 것 같다. 처음 조종사가 되겠다고 했을 때 위험하다고 말리는 사람들이 많았다. 하지만 또 다른 통계에 따르면 비행기는 1천 5백만 번 이륙해야 한 번 죽을 수 있다고 한다. 난 직업이 조종사지만 다행히도 그렇게 많이 이륙하진 않을 것 같다.

'이렇게 비행기가 안전한데, 기내 안전수칙 같은 건 무시해도 되겠네?'라는 무개념을 예방하기 위해 마지막으로 겁을 좀 주겠다. 비행기 화재라는 것이 굉장히 무섭다. 비행기 사고로 죽은 사람들의 직접적인 원인을 조사해보면 화재로 인한 화상이나 질식사가 매우 많다. 좁은 공간에서 순간적으로 불이 나면 불길이 산소를 찾아 여기저기 헤집고 다닌다. 그러다가 사람의 몸속에 있는 산소까지 뺏으려고 폐 깊숙이 파고든다. 그 때문에 시신을 부검해보면 기관지와 폐 속이 까맣게 탄 경우가 많다.

통계에 따르면 착륙 사고 후 화재가 났을 경우 90초 안에 탈출하지 못하면 그 이후부터 생존율이 급격하게 떨어진다고 한다. 또한 좌석별 생존 분포를 보면, 비상구에서 5열보다 멀리 떨어진 자리부터 생존율이 크게 떨어진다. 비행에 공포증이 있는 사람들은 가능한 한 비상구에서 가까운 자리에 앉고, '마의 11분(Critical Eleven Minutes)'이라 불리는 이륙 후 3분, 착륙 전 8분 동안은 좌석벨트를 단단히 매고 자세를 바로 하는 것이 멘털 관리에 도움이 될 것이다.

비행 공포증이 없어도 승무원의 안내를 귀담아듣고, 좌석에 비치된 안전 책자를 꼼꼼히 읽는 사람이라면 오토바이를 타도 212명의 희생자에 끼지 않을 확률이 높다. 아무리 확률이 희박하다고 해도 그 숫자에 포함되는 것을 원하는 사람은 아무도 없을 것이다.

"승객 중에 의사 있습니까?"

비행 중에 이런 방송 들어본 사람이 있을 것이다. 기내 환자는 생각보다 자주 발생한다. 기내 환경이 저기압에다 공간이 답답하고 건조하며 심리적으로도 불안하다 보니 건강이 좋지 않은 사람들은 예민해질 수밖에 없다. 지병을 가진 사람의 심각한 발병부터, 착륙할 때 즈음 완쾌되는 나이롱 환자까지 유형도 다양하다.

이번 글에서는 비행 중에 꽤 심각한 환자가 발생했던 상황을 한번 이야기해보겠다. 직접 경험한 것이긴 하지만 드라마틱한 재미를 위해 조금 과장된 부분이 있다는 점 미리 밝혀둔다. 그럼, 슬기로운 의사의 비행 생활, 큐!

● ● ●

✈ 승객 중에 의사가 있다면 도움을 요청하자

인천을 출발해 파리까지 가는 거함 에어버스 A380. 400명에 가까운 승객을 **빵빵**하게 싣고 러시아 상공을 날고 있었다. 모스크바 상공을 지날 즈음, 사무장이 인터폰으로 기내 환자 발생을 보고했다.

"기장님, 환자 한 분이 뇌졸중으로 쓰러지셨어요. 다행히 닥터 페이징(Doctor Phasing) 해서 의사가 두 분이나 나오셨어요. 두 분 신분증을 확인했는데, 특히 한 분은 XX대학병원 신경외과 전문의라서 기가 막히게 운이 좋아요. 지금 환자가 의식이 없으신데, 우선 EMK(Emergency Medical Kit : 응급의료 세트) 사용을 허락해주세요."

"네네, 사용을 허락합니다. 신경외과 전문의라니 정말 다행이네요. 일단 응급처치 하시고, 승객 정보와 바이탈 체크해서 조종실로 갖고 오세요!"

기내에는 세 가지 의료용 장비 키트가 있다. 앞에서 언급한 EMK와 FAK(First Aid Kit : 구급함 세트), UPK(Universal Precaution Kit : 감염예방의료 세트)다. 그 밖에 AED라고 부르는 심폐소생술용 자동 제세동기도 실려 있고, 휴대용 산소호흡기를 응급 의료용으로 사용할 수도 있다. FAK는 설명이 필요 없을 테고, EMK에는 인공 기도, 카테터, 주사기 같은 의료 장비와 에피네플린, 니트로글리세린 같은 응급 약품이 들어 있어 기장의 승인 하에 오직 의료인만 사용할 수 있다. AED는 심폐소생술 훈련을 주기적으로 받고 있는 승무원이나 구급요원도 사용할 수 있다. UPK는 감염 예방을 위한 바이오해저드(Biohazard) 관련 장비들이 들어 있다고 보면 된다.

여기서 의료인이란 의사, 치과의사, 한의사, 간호사 또는 조산사가 해당된다. 119 구급요원에게도 도움을 구할 수 있으나 관련 자격증이 없으면 의료인으로 구분하지 않는다. 같은 의료인이라 할지라도 사망 선고를 낼 수 있는 사람은 의사, 치과

의사, 한의사다. 만약 이런 사람이 타고 있지 않으면 비행기에서 사람이 죽어도 도착해서 의료기관에 인도되기 전까지 공식적으로 '사망'한 것이 아니다. 원칙상 승무원은 비행 중 심폐소생술과 같은 응급조치를 계속해야 하지만 항공사에 따라 '사망 추정' 개념을 도입해 사망한 것으로 추정되는 경우, 더 이상 응급조치를 하지 않고 사망자와 비슷하게 처리하기도 한다.

하지만 사망자와 사망 추정자 처리 절차의 가장 중요한 차이점은 계속 비행을 할 수 있느냐, 못하냐이다. 의료인이 사망 판정을 내리면 상황에 따라 비상상황을 종료하고 목적지까지 계속 비행하도록 결정할 수 있다. 사망자를 좌석에 고정하고 담요를 덮은 후 주변의 승객들을 다른 곳으로 이동시켜 사망자를 격리시킨 상태에서 비행을 계속할 수도 있다. 하지만 사망 추정의 경우는 아직 의료 비상상황 상태로 보아야 하며, 의료 지원이 가능한 가까운 공항에 착륙해야 한다.

의사를 부르면 항상 짠하고 나타나는 것이 아니다. 의사나 의료인이 아무도 없다면 환자에게도 불운이다. 이 경우에는 회사와 계약된 의료서비스 기관과 위성통화로 정보를 교환해 상황을 판단하고 의사결정을 내려야 한다. 메이저 항공사들은 직접 항공보건 의료실을 운영해 회사 소속의 의사들이 위성전화로 승무원과 통화를 하며 상황을 지휘하기도 한다. 그래도 기내에서 의사가 직접 진료하고 처치하는 것에 비해 한계는 분명히 있다.

🛰 모스크바 상공에서 쓰러진 60대 아저씨

뇌졸중으로 쓰러진 환자는 60대 남성이었다. 신경외과 의사는 응급 수술을 위해 회항을 해야 한다고 조언했다. 나는 사무장으로부터 상황을 보고받고 본사 통제실과 연락해 모스크바로 회항할 것을 결정했다. 회항 준비를 한참 하고 있는데 통제실로부터 다시 연락이 왔다.

"모스크바 지점에서 연락이 왔습니다. 모스크바가 지난밤 폭설로 시내 교통이 마비된 상태라고 합니다. 프라하로 회항하면 어떨지 검토하고 있습니다. 조금 기다려주세요. 기내 상황은 어떤가요?"

"프라하까지 가면 한 시간은 더 걸릴 텐데요. 지금 모스크바 기상은 좋은데, 뭐가 문제라고요?"

"모스크바 공항에 수술을 할 수 있는 의료시설이 없고, 수술하려면 시내 병원까지 구급차로 이송을 해야 하는데 어제 내린 폭설로 시내 교통이 극심한 정체를 보이고 있어 이송하는 데

세 시간은 걸릴 거라고 합니다. 차라리 프라하로 가는 편이 더 빨리 수술을 받을 수 있을 것 같다고 합니다."

난감했다. 구급차도 지나가지 못할 정도로 차가 막힌다는 것인가? 나는 납득하기 어려웠으나 세상 모든 곳이 서울만 같지 않아서 이런 황당한 상황도 있을 수 있을 것 같았다. 사무장을 통해 의사에게 이러한 상황을 설명했다. 다행히 환자가 약간 의식을 되찾은 것 같았다. 의사는 고민 끝에 한 시간이라도 빨리 수술받는 것이 제일 중요하니 교통체증을 피해 차라리 조금 더 비행하는 것이 나을 수 있겠다고 조언했다. 프라하로 가자는 것이었다.

우리는 회항지를 변경해 프라하를 향해 비행하기 시작했다. 하지만 한 번 꼬여버린 상황은 순순히 풀리지 않았다. 폴란드를 지날 즈음, 다시 통제실에서 당황스러운 연락이 왔다.

✈ 어디로 회항해야 하나? 최적의 의사결정은?

"기장님, 환자 상태는 어떤가요? 문제가 있는데…프라하로 회항하면 골치가 아파집니다."
"왜죠?"

"지금 프라하 공항에 A380을 푸시백 할 수 있는 토우바(Tow-Bar : 항공기를 뒤로 밀어 이동시키는 공항 차량)가 없어요. 지금 주변에서 수배하고 있는데, 프랑크푸르트에서 육상으로 수송해오거나, 서울에서 프라하행 비행기에 싣고 가야 해요. 만약 프라하에 착륙하면 오늘 다시 이륙할 수 없어요. 최소 하루 이틀은 더 걸릴 것 같습니다. 환자 상태는 그대로인가요? 프랑크푸르트까지 갈 수 없을까요? 한 30분만 더 비행하면 될 텐데요. 프라하에 착륙하면 나머지 승객들 핸들링이 난감해져요."

나는 약이 오르기 시작했다. 이걸 어떻게 해야 하나? 일단 의사와 상의해서 결정해야 했다. 환자 상태도 볼 겸 직접 의사에게 가서 이 사실을 알렸다. 의사부터 자신이 프라하에 며칠 동안 갇히는 것에 거부감을 드러냈다. 당장 다음날 파리에서 세미나 발표를 해야 한다고 했다. 그러나 의사로서 자신의 스케줄을 고려해서 환자 상태를 판단할 수는 없는 노릇이었다. 다행히도 연이은 뱃 뉴스 중에 굿 뉴스가 있었다. 환자의 상태가 눈에 띄게 호전되고 있었던 것이다. 무엇보다 의식이 많이 돌아와 어눌하지만 의사소통도 조금 가능할 정도였다. 이대로 계속 비행해도 될까?

"일단 출혈이 악화되지 않고 있는 것 같아요. 최악의 상황은 피한 것 같고, 이 상태로 일단 안정을 찾고 있어요. 의식이 조금씩 회복되는 것은 아주 좋은 사인입니다. 뇌혈관이 산소를 계속 공급하고 있다는 거죠. 제 생각에 이 정도면 몇 시간은 견딜 수 있을 것 같아요. 하지만 언제까지 안정세가 계속될지 모르니 수술은 가능한 한 빨리 받아야 합니다."

"프랑크푸르트에서 조금만 더 가면 파리인데, 파리까지 가면 어떤가요?"

"큰 차이가 없을 것 같아요. 파리로 가시죠."

"그럼 목적지인 파리에 착륙하겠습니다."

환자는 혼자 여행하고 있었고 동승한 보호자가 없었다. 본사 통제실은 보호자에게 비상 연락을 취하고 항공보건 의료실을 통해 그의 의료기록을 확보하기로 했다.

드디어 파리에 착륙한 후, 게이트에 도착하자마자 사무장이 승객들에게 자리에 앉아 기다려 달라고 방송했다. 구급대원들이 탑승해 환자를 먼저 데려가기 위해서이다. 그런데 프랑스 구급대원들의 태도가 당황스러울 정도로 신경질적이었다. 3시간 전에 이미 발병한 사실을 듣고는, '뇌졸중은 빨리 처치하지 않으면 목숨이 위태롭거나 불구가 될 수 있으니 도중에 회항을 했어야 한다'고 나무랐다. 감정이 격해진 대원들에게 이런저런 사정을 설명할 여유도, 이유도 없어 그냥 빨리 병원으로 호송해 달라고 부탁했다. 함께 환자를 인도하던 신경외과 의사는 최선의 노력을 했음에도 불구하고 애매한 분위기에 승객들 앞에서 뻘쭘해했다.

건강이 의심스럽다면 혼자 여행하지 말 것

내 경험에, A380으로 장거리를 비행할 때 기내 환자가 특히 많았다. 일단 기체가 크다 보니 승객이 아주 많이 탔고, 승객들 중에는 신체 건강한 관광객들보다는 주로 가족 방문이나 사업 등 개인 일정으로 여행하는 사람들이 많았다. 특히 이민자들 중에는 연로한 승객들이 많아 비행 중 지병 악화로 고통을 호소하는 사례가 자주 있었다. 심지어 의료용 산소호흡기를 갖고 타는 '원래 환자'들도 있었다. 하지만 이런 경우는 대부분 의료인과 보호자가 함께 여행하므로 오히려 걱정이 덜 된다.

구급대원이 사정을 모르고 우리를 나무랐지만 사실 A380은 이륙 중량이 500톤이나 되는 크고 무거운 비행기라 회항할 수 있는 공항도 한정적이다. 다급한 나머지 아무 공항에나 착륙해 버리면 다시 이륙하지 못하는 경우가 생길 수도 있다.

다음 날 아침 일찍 파리 지점에 전화를 걸어보았다. 내게 큰 소리로 나무라던 구급대원이 생각나서 양심에 가책을 조금 느꼈다. '아무리 다시 이륙을 못 한다고 해도 프라하에 내렸어야 했나?'라는 생각이 머릿속을 맴돌았다. 하지만 상황은 럭비공처럼 엉뚱한 쪽으로 튀었다. 지점장의 이야기를 들어보니 환자가 비행기에서 내린 후 보호자가 없어 입국 수속에 애를 먹었고, 구급차에 환자를 방치하다가 출발이 늦어져서 공항에서 병원까지 가는 데만 3시간이 걸렸다고 했다. 병원에 도착해서도 보호자의 동의 없이는 수술을 할 수 없다고 하여 급하게 유선으로 가족을 연결했으나 가족이 직접 와서 서약서에 서명을 해야 한다는 입장을 굽히지 않아, 파리에 도착한 지 열두 시간이 지난 그때까지도 수술을 못 하고 있다고 했다. 물론 그만큼 환자의 상태가 호전되어서 이런 절차와 원칙을 따지는 것이겠지만 어제의 긴박했던 상황을 생각하니 허무했다. 아니, 이야기를 듣다 보니 화가 났다. 이 사람들 너무한 거 아냐?

나중에 들어보니 스페인에 있는 환자의 조카가 뒤늦게 서명을 하러 왔고, 환자는 결국 쓰러진 지 이틀 만에 수술을 받을 수 있었다고 한다. 그나마 다행히도 수술이 잘 되어 목숨이 위태롭거나 불구가 되는 일은 없을 것이라 했다. 천만다행이었지만 동시에 누군가를 원망하고 싶은 생각도 들었다. 물론 환자의 상태가 최악이 아니었기 때문에 이렇게까지 지연될 수 있었겠지만, 그렇다고 최선의 처치를 받았다고도 말할 수는 없었다.

곰곰이 생각해보니 나도 미안했다. 프라하를 포기하고 파리까지 가자고 했을 때 환자의 부인이나 아들딸이 옆에 있었다면 뭐라고 말했을까? 대부분의 승객을 위해 가장 최선의 결정을 내렸다고 믿지만 그 결정에 동의하지 않는 사람들도 분명 있었을 것이다.

고뇌와 번뇌는 여기까지만 하고 이만 글을 마무리하겠다. 건강이 의심스럽다면 절대 혼자 여행하지 않기를 바란다. 절대절명의 상황이 되면 모두가 어떻게든 살리려고 최선을 다하겠지만 그 정도가 아니라면 최선의 의료서비스를 받지 못할 수도 있다. 세상은 넓고, 다양하고, 정의하기 어려우며, 생각대로 되지 않는다. 글로벌 사회라지만 아직도 서로 다른 이질적인 개념과 절차가 많다. 세계를 다니려면 호기심을 넘어 의심을 놓지 말아야 할 것 같다. 상식과 관념이 나를 지켜주지 않는 경우를 많이 경험했다. 인생의 절반을 쏘다녔는데 오히려 보수적으로 변해가는 나는 비정상일까?

chapter. 2

비행기에 관한
지극히 합리적인 궁금증들

목적지에 도착한 비행기가 착륙하지 않고 빙빙 맴도는 이유는?

무슨 질문인지 정확히 이해가 가지 않았다. 빙빙 맴돌다니? 그래서 승객이 창문 밖을 바라보는 입장에서 한번 생각해보았다. 저 멀리 도시가 보이기 시작하면 점점 고도를 낮춰 바로 착륙하는 것이 정상이라고 생각할 것이다. 그런데 왠지 비행기가 빙글빙글 주변을 맴도는 것처럼 느껴질 때도 있다. 분명히 공항 옆을 지나쳤는데 착륙하지 않고 점점 더 멀어지는 경우도 있다. 그것이 궁금하다면 대답은 할 수 있는데, 뭐 그리 큰 반전은 없으니 이 글의 반응이 좀 걱정된다. 그래도 큐!

●　●　●

✈ 활주로는 대체로 한 방향으로만 쓴다

공항에 활주로가 하나만 있다면 한쪽 방향만 이착륙에 사용한다. 여러 개의 활주로가 평행으로 놓인 공항도 같은 방향으로만 사용한다(단, 평행이 아닌 X자 모양으로 여러 개의 활주로가 놓여 있는 공항은 두 개의 방향을 동시에 쓸 수도 있다). 이는 바람의 방향 때문이다. 비행기는 맞바람을 맞으며 착륙해야 안전하므로 조금이라도 맞바람이 부는 쪽의 활주로를 사용한다.

만약 어쩔 수 없이 뒷바람을 맞으며 착륙을 해야 한다면 제한이 따른다. 기종에 따라 보통 초속 5미터에서 7미터 정도의 뒷바람까지는 착륙이 허용된다. 뒷바람 초속 5미터당 착륙 거리가 대략 15~20% 늘어나기 때문이다. 착륙할 때 계기상 일정한 속도를 유지해도, 뒷바람이 불면 물체의 실제 이동 속도가 더 빨라지고 운동에너지도 더 커진다. 시속 100km로 달리는 자동차와 50km로 달리는 자동차가 브레이크를 밟아 완전히 정지하는 거리를 비교해보면 이해하기 쉬울 것이다.

그렇다면 바람이 매우 약하거나 불지 않으면 아무 활주로나 착륙해도 될까? 노노. 그래도 한 방향의 활주로를 사용한다. 교통 흐름이라는 것이 있기 때문에 여러 방향에서 중구난방으로 이착륙을 하면 정리가 되지 않아 교통량을 감당할 수가 없다.

LA공항을 예로 들어보자. 시애틀에서 오는 비행기는 북쪽에서 올 것이고, 멕시코시티에서 오는 비행기는 남쪽에서, 라스베이거스에서 오는 비행기는 동쪽에서, 하와이에서 오는 비행기는 서쪽에서 올 것이다. 전방위에서 오는 비행기들은 각자 유리한 방향의 활주로에 착륙하는 것이 아니고 무조건 한 방향의 활주로를 사용해서 착륙해야 한다.

LA공항은 보통 바다에서 불어오는 바람을 안고 착륙하므로, 공항 동쪽 활주로 연장선으로 모여 차례대로 착륙한다. 일렬로 나란히 줄을 선 비행기들은 서로 적정 간격을 유지해야 하는데, 비행기의 크기에 따라 보통 6km에서 14km 정도의 간격을 맞춘다. 코로나 시대에 거리를 두고 줄서기를 하는 것처럼 또는 에스컬레이터에서 밀려 넘어지지 않도록 간격을 두는 것처럼 말이다. 항공기들을 줄 세우고, 간격을 유지시키는 것은 입출항 관제사 혹은 접근 관제사의 역할이다. 관제사가 무선통신으로 지시하는 방향과 속도에 맞추어 조종하다 보면 어느새 나도 활주로 연장선상에 줄을 서서 착륙을 준비할 수 있게 된다.

공항마다 다른 입항 절차

효율적인 공항 접근을 위해 공항마다 고유의 표준 입항 절차가 있다. 각 방향에서 입항하는 비행기들이 표준 입항 절차에 따라 정해진 루트로 비행하면 결국 활주로 연장선상으로 하나둘 차례로 모이게 되는 것이다. 하지만 교통량이 많으면 이 절차를 따라도 특정 지점에 병목현상이 생길 수밖에 없다. 이때 관제사가 개입해 비행기들을 길목에서 빼낸다. 비행기들을 체공시키거나 이리저리 돌리면서 줄을 새로 짜맞춘다. 이럴 때 승객들은 비행기가 주변을 맴도는 것처럼 느낄 수 있다.

또한 마지막 접근을 위해 보통 활주로 연장선 20km까지 나란히 비행기를 줄세우던 것을 40km 바깥까지 길게 늘일 수도 있다. 즉, 더 멀리서부터 줄을 세우는 것이다. 이런 상황이 벌어지면 승객의 입장에서는 다 도착한 것 같은데 오히려 더 멀어지는 것처럼 느낄 수 있다.

©신지수

지역에 따라서는 표준 입항 절차 자체가 꼬불꼬불 미로처럼 구성되어 있는 경우도 있다. 교통량이 많아 줄을 길게 세워야 하는데 공간이 좁기 때문이다. 놀이공원에서 인기 있는 놀이기구를 타기 위해 줄 서는 것과 같다. 유럽처럼 국경이 촘촘해 공역이 비좁은 지역에서 많이 볼 수 있다. 도착하는 항공기의 줄을 이웃 나라까지 침범해 세울 수는 없기 때문이다. 이름난 맛집에서 옆 가게에 피해를 주지 않도록 하면서 손님 대기줄을 세우는 것과 같다.

어떤 공항은 절차가 지그재그는 아니지만 공항에서 50km에서 100km까지나 멀리 나갔다가 다시 돌아오도록 되어 있는 경우도 있다. 지리적인 이유 또는 관제 목적상 한쪽 방향으로 멀리 나갔다가 다시 돌아오도록 입항 절차를 설계한 때문이다.

인천공항도 비슷한 경우다. 북한 지역이 비행 금지구역이므로 공간 활용에 제한이 있다. 또 기타 여러 가지 지리적인 이유로 인천공항 입항 절차도 복잡하기가 만만치 않다. 이처럼 입항 절차가 까다로운 가장 큰 이유가 교통량 때문인데, 그렇다면 한밤중처럼 한적한 시간에는 어떨까? 비행기도 없는데 이런 복잡한 루트를 그대로 따라야 할까? 물론 아니다. 그럴 경우 친절한 관제사들이 복잡한 줄서기 라인을 풀고 지름길을 열어준다. 따라서 한밤중에 착륙할 때 주변을 빙빙 맴도는 경험을 하는 것은 매우 드문 일이다.

날씨가 나쁘면 하늘길도 막힌다

만약 기상이 나쁘면 병목현상은 더욱 심해진다. 안개 낀 날, 눈이나 비 오는 날 차가 더 막히는 것처럼 말이다. 예를 들어 공항 주변에 천둥 번개가 치는 먹구름이 생겼다면 그 지역은 비행할 수 없다. 그만큼 관제에 사용할 수 있는 공간이 줄어드는 것이다. 안개가 끼면 안전을 위해 비행기 간격도 더 넓게 유지해야 한다. 착륙한 비행기가 활주로를 빠져나가는데 거북이걸음을 하기 때문이다.

이처럼 기상이 나쁘면 평소보다 속도도 더 줄여야 하고, 더 이리저리 맴돌거나, 더 오래 체공(Holding)을 해야 할 수도 있다. 중국 관제사들은 비행기들에게 각자 위치에서 알아서 360도 궤도를 돌고 있으라고 지시할 때도 있다. 그런 날은 관제사도 조종사도 고생이 많다.

비행기를 타고 제주도에 갈 때 자주 느꼈을 것 같다. 다 와서 창밖에 제주도 한라산이 보이는데 비행기는 점점 섬에서 멀어지며 바다로 나간다. 제주공항 역시 교통량이 많은 곳이다. 착륙하기 위해 줄을 서려면 저 멀리 뒤로 가야 한다. 새치기했다가는 큰일 난다. 관제 지시를 어기면 딱지를 떼는 정도로 그치지 않는다. 본의 아니게 관제사의 지시를 잘못 알아들었다고 해도 용서받지 못한다. 안전에 중대한 위협이 되기 때문이다.

착륙 준비는 보통 언제부터 시작하나?

승무원들의 착륙 준비는 보통 20,000피트(6,000미터)를 지날 때 시작한다. 착륙 20분 전 정도라고 보면 된다. 이것도 항공사마다 규정이 조금씩 다르다. 이것은 가장 일반적인 것이고, 중국은 착륙 20분 전에 모든 준비를 완료해야 하므로 늦어도 30분 전에는 착륙 준비를 시작한다. 안전, 보안을 위해 일찍 착륙 준비를 마치고 모두 자리에 앉아 있도록 요구하기 때문이다.

보안 하면 뭐니뭐니 해도 이스라엘이다. 이스라엘에 착륙할 때 절차가 가장 엄격하다. 국경 200해상마일(약 400km) 전에 모든 착륙 준비를 마쳐야 하므로 40~50분 전부터 착륙 준비를 시작해야 한다.

그 비싼 항공유를 허공에 버린다고?

나도 가슴이 아프다. 그런데 버려야 할 때가 있다. 물론 자주 있는 일은 아니다. 나는 28년 동안 비행하면서 딱 한 번 버려봤다. 정확히 얼마나 버렸는지 잘 기억나지 않지만 30여 분 버렸으니 엄청 버렸을 것이다. 돈다발을 하늘에 마구 날려버리는 기분이었다. 내 돈은 아니었지만 꽤나 가슴 아팠던 이야기, 큐!

출발하자마자 비행기 고장

  주니어 부기장 시절이었으니 1998년쯤 되는 것 같다. 김포공항에서 이륙하자마자 비행기에 고장이 나 목적지까지 비행을 포기하고 곧바로 김포공항에 돌아간 적이 있다. 장거리 비행이라 연료를 가득 싣고 출발했는데, 안전하게 착륙하려면 제한 중량까지 무게를 줄여야 했다. 비행기를 가볍게 만들어야 하는데, 공중에서 짐을 버릴 수도, 사람보고 내리라고 할 수도 없으니 연료를 버릴 수밖에. 비행기 기종은 미국 맥도널드 더글러스사의 MD-11이었다.

  고장 난 곳은 랜딩기어 계통이었다. 이륙하자마자 랜딩기어를 올렸는데, 노즈 랜딩기어(앞바퀴)가 안전하게 접혀 들어가지 않았다는 붉은 경고등이 떴다. 다시 랜딩기어를 내려보자, 이 번에는 안전하게 내려갔다는 초록색 표시등이 켜졌다. 즉, 랜 딩기어를 내리는 데는 문제가 없었으나 접어 올리는 것에 문제 가 생겼다는 뜻이었다. 눈으로 확인할 수 없지만 상황은 세 가 지 중 하나일 것이다. 첫째, 노즈 랜딩기어가 내려진 상태로 아 예 올라가지 않았을 경우, 둘째, 올라가다 도중에 멈춰버린 경 우, 셋째, 다 올라갔으나 랜딩기어의 위치 센서가 고장인 경우. 첫째 경우처럼 아예 올라가지 않았다면 소음과 공기 저항을 느 꼈을 것이다. 그런 징후가 없었으니 두 번째와 세 번째 경우처 럼 거의 올라간 상태에서 멈추었거나, 센서에 문제가 있을 가 능성이 커 보였다.

어떤 상태이든 그대로 장거리 비행을 할 수는 없었다. 만약 랜딩기어가 들어가다 멈춘 상태에서 오랫동안 비행을 하면 강 한 공기 저항이 랜딩기어 장치에 무리를 줄 수 있고, 저항이 강 한 만큼 연료 소비량도 더 커진다. 어쩔 수 없이 수리를 위해 김 포공항으로 돌아가야 했다.

 연료 방출은 아무데서나 할 수 없다

"서울 어프로치(접근관제소 명칭), 대한항공 XXX, 퓨얼 덤핑

(Fuel Dumping : 연료 방출)을 요청합니다."

"네. 대한항공 XXX편, 방위각 150, 고도 8,000피트(2,400미터)를 유지하세요."

관제사는 레이더를 보면서 우리를 연료 방출 지역으로 유도했다. 환경 문제 때문에 서울 수도권 공역은 연료 방출 지역을 따로 지정해 운영한다.

지정된 위치에 도착하자 관제사는 방출을 허가해주었다. 나는 체크리스트를 꺼내 하나하나 읽어 가기 시작했다. 원하는 연료 방출량을 컴퓨터에 입력하고, 이어 연료 방출 스위치를 준비 완료 상태인 ARM 위치에 놓았다.

"퓨얼 덤핑 준비 다 되었습니다."

"그래, 시작하자. 덤프 스위치 ON!"

기장의 명령에 따라 나는 스위치를 눌렀다. 연료 탱크 상태를 보여주는 모니터 디스플레이를 바라보며 연료 탱크의 숫자가 줄어드는 것을 확인했다. 창밖을 보니 양쪽 날개 끝 노즐에서 분무기처럼 하얀 연료가 분사되어 나오는 것이 보였다. 마치 농약을 뿌리는 비행기 같았다. 그리고 분사되는 연료 아래에는 무지개가 나타났다.

세팅한 양만큼 연료가 방출되자 노즐이 저절로 닫히고 방출이 멈췄다. 각 탱크에 남은 연료들을 균형 있게 재분배하기 위해 여러 개의 밸브들과 펌프들이 저절로 분주하게 움직이기 시작했다. 당시에 MD-11은 자동화가 제일 잘 되어 있는 비행기여서 컴퓨터 시스템이 알아서 척척 움직였다. 이제 비행기 무게는 안전하게 착륙할 수 있는 최대 중량이 되었다. 물론 더 많이 방출하면 더 가볍게 착륙할 수 있지만 그쯤에서 손절했다. 더 이상 아까운 기름을 버릴 수는 없었다. 그렇게 이륙한 지 한 시간 만에 비행기는 다시 김포공항으로 돌아갔다. 미안하지만 승객들은 대체편 비행기로 옮겨 타야 했다.

 비행기에도 중량 제한이 있다

비행기도 엘리베이터나 덤프트럭처럼 중량 제한이 있다. 비행기는 조금 더 복잡해서 이륙 중량, 착륙 중량, 무급유(Zero Fuel) 중량에 각각 제한이 따로 있다. 비행할 때마다 이 제한들을 모두 충족하도록 계산하므로 최대 적재 중량도 그날그날 다르다.

좀 단순하게 말하자면, 최대 이륙 중량은 엔진파워와 관련이 깊다. 엔진의 최대 마력으로 얼마나 무거운 비행기를 하늘에 띄울 수 있냐의 문제인 것이다. 최대 착륙 중량은 기체와 랜딩 기어의 강도와 관련이 깊다. 착륙할 때 바퀴가 땅에 닿는 충격에 비행기가 얼마나 견딜 수 있느냐에 따른다.

최대 무급유 중량(Maximum Zero Fuel Weight)이란 연료를 주입하지 않은 상태에서 허용된 최대 중량이며, 날개가 견디는 하중과 관련이 있다. 비행할 때 동체가 너무 무거우면 날개가 위로 꺾이는 힘도 커지게 된다. 약한 지렛대에 무거운 돌을 얹은 것처럼 말이다. 상상해보면, 뚱뚱한 새가 날 때 날갯죽지와 겨드랑이가 더 아플 것 아닌가? 이 힘이 너무 커지면 결국 날개가 부러지거나 손상을 입을 수 있을 것이다. 알다시피, 날개 속에는 연료탱크가 있으므로 연료를 많이 실을수록 날개가 무거워져 이 스트레스가 완화된다. 연료통이 비어 있는 날개가 하중에 가장 취약한 상태이므로, 이때의 중량에 제한을 두는 것이다.

🔵 연료를 가득 실었는데 도중에 착륙해야 한다면?

장거리 운송용 대형 항공기의 경우, 최대 이륙 중량이 최대 착륙 중량보다 훨씬 무겁다. 무겁게 이륙해서 가볍게 착륙하도록 만든 것이다. 왜냐하면 긴 시간 비행하는 동안 무거운 연료를 모두 소비하면 착륙할 때는 가벼운 무게가 되어 있을 테니까. 반면에 중, 단거리를 다니는 소형 운송기는 최대 이륙 중량과 최대 착륙 중량의 차이가 크지 않도록 설계한다. 긴 시간을 비행하지 않으므로 소모될 연료의 중량도 적기 때문이다.

앞서 이야기한 내 경험과 같이 대형기가 장거리 비행을 위해 연료를 가득 싣고 이륙했는데 도중에 착륙을 해야 한다면? 무게를 줄이기 위해서는 연료를 버리는 것 외에 다른 방법을 찾기 힘들 것이다. 그러므로 대형 비행기에는 연료 방출 장치 즉, 퓨얼 덤핑(Fuel Dumping) 혹은 퓨얼 제츠닝(Fuel Jettisoning) 시스템이란 것이 있다. 연료 탱크에 별도의 배관과 밸브를 연결하고, 날개 후면에 외부로 통하는 노즐을 장착해 연료를 방출할 수 있게 만든 것이다. 기종에 따라 분당 1톤에서 2톤 정도의 속도로 연료를 내보낼 수 있다.

보통 최대 착륙 중량은 최대 이륙 중량의 70~80% 정도이므로 그만큼의 무게를 줄이기 위해서는 연료를 무지무지 많이 버려야 한다. 순항 중 사용할 연료를 대부분 버려야 한다고 보면 된다. 쌍발기는 40~50톤 정도를 버려야 하고, 3발이나 4발 엔진 비행기는 이보다 더 많이 버려야 한다. 참고로 B787-9과 A380-800 비행기의 중량은 대략 다음과 같다. 생산하는 버전, 주문 옵션에 따라 숫자는 좀 다를 수 있다.

<B787-9>

최대 이륙 중량 254톤

최대 착륙 중량 193톤

최대 무급유 중량 181톤

연료 탱크 용량 : 126,372리터

<A380-800>

최대 이륙 중량 560톤

최대 착륙 중량 386톤

최대 무급유 중량 361톤

연료 탱크 용량 : 323,546리터

 연료를 버릴 여유조차 없는 비상상황이라면?

그런데 앞서 말했듯이 분당 1, 2톤의 속도로 40톤의 연료를 방출하려면 비행기에 따라 20분에서 40분 정도의 시간이 걸린다. 심각한 상황이 아니라면 괜찮지만 만약 분, 초를 다투는 비상상황이라면? 예를 들어 비행기에 불이 났는데 여유롭게 20~40분을 체공하면서 기름 버리느라 시간을 허비할 수 있을까? 그럴 경우에 대비해 비행기 비상 절차 중에는 '과중량 착륙 절차'라는 것이 있다. 미처 연료를 방출할 시간이 없거나, 연료 방출 시스템이 고장 났을 때 이 절차를 따라야 한다.

절차는 기종마다 대체로 비슷하다. 착륙할 때 속도와 강하율을 줄여 충격을 최소한으로 줄이는 요령이 적혀 있다. 또한 착륙 후 랜딩기어가 무너지거나 타이어 펑크, 활주로 이탈, 화재 등이 생길 수 있으니 승객들은 충격방지 자세를 유지해야 하고, 승무원들은 비상 탈출에 대비해야 한다. 잘 착륙한 후에도 비행기는 전반적인 정비 점검을 철저히 받아야 한다. 제한 중량보다 무겁게 착륙했으므로 손상된 부분과 부품을 모두 찾아 손봐야 한다. 활주로 역시 손상된 표면이 없는지 점검을 할 것이다.

 땅에 있는 사람이 기름 비를 맞는 거 아냐?

하늘에서 기름을 버리면 땅에 있는 사람들이 홀딱 뒤집어쓰는 것은 아닐까? 바다에 유조선이 좌초해 어촌이 기름으로 뒤범벅이 되는 것처럼 심각한 환경파괴가 일어나는 것은 아닐까? 미리 알 수만 있다면 하늘에서 떨어지는 기름을 바스켓에 받을 수도 있지 않을까? 대답은 '아닌데요'다.

국제적 표준으로 연료 방출은 4,000피트 즉 1,200미터 상공

이상에서만 해야 한다. 방출된 연료가 지상에 떨어지기 전에 모두 기화하는 최소한의 고도를 1,200미터로 보는 것이다. 따라서 연료는 지상에 떨어지기 전에 모두 연기처럼 사라져버린다. 월급날 계좌에서 내 돈이 모두 사라지듯이.

자동조종 장치로 비행하는 동안 조종사는 무얼 할까?

잠깐, 글을 시작하기 전에, 혹시 열 시간 넘게 장거리 비행을 하면서 아직도 조종사가 비행 내내 자동차 운전하듯이 조종간을 이리저리 만지면서 비행하다고 생각하는 사람이 있다면, 이 글을 읽고 어리둥절해할 수 있다. 그건 찰스 린드버그가 최초로 대서양을 횡단하던 시절 이야기다.

현대의 운송용 비행기는 대부분의 비행 중 자동조종 장치 즉, 오토파일럿을 사용한다. 조종사가 핸들을 놓고 있는 것이다! 핸들을 놓고 운전한다고? 비행에 대해 1도 모르는 분들께 그나마 납득할 만한 핑계를 대자면, 일단, 비행기는 자동차처럼 가볍게 핸들을 잡고 있다고 똑바로 가지 않는다. 특히 여객기가 순항하는 고고도에는 공기 밀도가 낮아 정교하고 빠른 조작을 지속적으로 하지 않으면 금방 자세가 흐트러져 고도, 방향, 속도를 정확하게 유지하기 힘들다. 사람이 장시간 이런 조작을 하면 아마도 금새 파김치가 될 것이다. 따라서 오래전부터 비행기는 자동으로 조종하는 오토파일럿이 발달했으며, 현대에는 오토파일럿 기능이 없으면 진입조차 허가되지 않는 항로도 많다. 교통량이 많으니 더 정교하게 비행해야 하기 때문이다.

사실 이 글이 그리 어렵지는 않다. 노파심에 독자들을 너무 과소평가한 감이 없지 않아 있다. 막연하게나마 자동조종에 대한 작은 개념만 있으면 편하게 읽을 수 있을 테니 겁먹지 말자. 혹시 비행기 오토파일럿이란 것이 마치 대단한 첨단 컴퓨터 기술이라고 생각한다면 오해를 풀고 가자. 오토파일럿은 컴퓨터가 보편화되기 이전 시대부터 있었고, 한쪽이 기울어지면 균형추에 의해 반대쪽으로 균형을 잡으려 하는 기능처럼 단순한 물리적 장치에서 시작되었다. 말하자면, 별거 아니다. 그러니 걱정 붙들어 매고 기대하시라, 큐!

제일 많이 들으면서 제일 설명하기 어려운 질문,

"오토파일럿이 비행하면 조종사는 뭐해요?"

참 곤란한 질문이다. 그런데 좀 편하게 비행하면 안 돼? 자동 조종 장치(오토파일럿)를 쓰는 동안 조종사는 조종을 안 한다. 그렇다고 완전히 조종을 안 한다고도 할 수도 없다. 이 질문 참 많이 받는데, 뭐라 설명하기 참 애매하다.

"뭐하긴 뭐해? 멍 때리지."

설명하기 귀찮아 농담으로 대답하면 적당히 받아줄 것이지 굳이 눈치 없이 선을 넘는 사람이 있다.

"야, 세상에 그런 좋은 직업이 다 있어? 꽁으로 먹는 거네! 안 그래?"

이 말에 스팀이 뿜뿜 끓어오르기 시작한다. 다른 사람들은 내 입에서 또 어떤 대답이 나올지 흥미진진하게 기다린다.

"오토파일럿 쓴다고 비행기가 혼자 알아서 가는 줄 알아? 계속 감시하고, 수정하고, 입력하고, 점검하고…."

"조종사가 왜 조종은 안 하고 입력하고 수정하고 그런 걸 해?"

"아니라고! 현대 비행기는 컨트롤보다 매니지먼트가 더 중요하다고! 알지도 못하면서!"

"조종은 못 해도 매니지먼트는 나도 할 수 있을 것 같은데?"

"아, 의미 없다. 딴 얘기해. 너희들을 어떻게 이해시키겠냐?"

나도 모르게 소리를 빽 지르고 만다. 먼저 화내면 지는 건데. 비행을 모르는 사람에게 오토파일럿을 설명하긴 정말 애매하다.

보통 사람들은 조종사가 '조종을 한다'고 하면 조종간을 움직여 비행기를 직접 움직이는 것만 상상한다. 나머지 일들은 한

손으로 핸들을 잡고 다른 손으로 라디오 음악을 선곡하는 정도로 생각하는 것 같다. 비행은 그렇지 않다. 자동조종을 사용한다고 해도 조종실에서 할 일들이 많다.

하지만 엄밀히 말해 친구의 말이 틀린 것도 아니다. 정상 상황에서 자동조종 장치 덕분에 조종사의 업무 강도는 매우 낮아지기 때문이다. 자율주행 자동차를 타본 사람은 더 잘 알 것이다. 얼마나 편한가? 주행 감시를 한다지만 앞만 보고 있으면 눈꺼풀이 내려오지 않나? 비행기도 그렇다. 몸 쓸 일도, 머리 쓸 일도 훨씬 줄어드는 것이 사실이니 반박하는 나도 속으로 뜨끔하는 것이다.

그러나 비행을 편하게 하는 것이 잘못된 것은 아니라고 생각한다. 비상상황이 닥치면 내 역량과 에너지를 100% 가동해야 하므로 평소에는 가벼운 긴장 상태 정도만 유지하며 배터리를 아껴둘 필요가 있다. 기상이 좋지 않거나, 비행기가 고장 났을 때처럼 스트레스가 커지면 오토파일럿은 큰 역할을 한다. 자동차는 문제가 생기면 잠시 세워두고 조치를 취할 수 있지만 비행기는 공중에 어디 주차할 데도 없다. 그래서 오토파일럿은 특히 비상상황에서 제 몫을 톡톡히 한다. 조종사가 여러 가지 일을 하며 문제를 해결하는 동안 조종을 맡길 믿음직한 조종사가 한 명 더 있는 것과 마찬가지이기 때문이다.

비행기의 오토파일럿은 무엇이고, 어디까지 자동으로 조종이 가능한지 설명하는 것은 어렵고 재미도 없다. 그런데 주목할 점은, 요즘 사람들이 '오토파일럿'이란 말에 점점 친숙해지고 있다는 것이다. 술자리에서 글라스 잔에 테슬라를 말면서 완전자율주행에 대해 이야기하고, 하나의 플랫폼에 위성통신으로 연결된 로봇 택시들이 돌아다닐 날이 멀지 않았다고들 한다. 나아가 UAM(Urban Air Mobility : 도심항공교통)이 조종사 없이 도심의 하늘을 뒤덮고 다닐지도 모른다. 이처럼 보통 사람들의 생활 속에도 오토파일럿의 개념이 깊숙이 들어오기 시작했으니 이제는 말할 수 있다, 오토파일럿이 뭔지.

비행기에는 아직 AI가 없다?

테슬라의 오토파일럿과 비행기의 오토파일럿의 큰 차이점 중 하나가 AI라고 본다. 테슬라는 수많은 주행 데이터를 갖고 여러 가지 알고리즘을 수행하는 과정에서 스스로 분석하고 판단하는 AI가 있다. 물론 아직 완벽하지는 않으나 최종 목표인 완전 자율주행을 향해 빠른 속도로 기술이 발전하고 있다.

그러나 비행기에는 아직 AI라고 부를 만한 것이 없다. 따라서 첨단 자율주행 자동차의 AI가 하는 일을 비행기에서는 아직도 말랑말랑한 사람의 뇌가 한다. 그 뇌가 바로 조종사의 뇌다. 조종사의 경험이 데이터베이스이고, 주어진 상황에 판단하고 대응하는 것도 조종사의 역할이다(단, 첨단 군용기의 기술은 잘 모르겠다. 이 글은 민간 상업용 항공기에 국한한다). 쉽게 말해, 비행기의 오토파일럿은 아직까지 상상하는 것만큼 똑똑하지 못하다. 노동은 주로 오토파일럿이 하지만 머리는 여전히 조종사가 써야 한다고 할까.

비행기 오토파일럿이 역사는 훨씬 긴데 왜 테슬라만큼 똑똑하지 못할까? 여러 가지 이유가 있겠으나 내 생각에는 혁신 기술에 대한 보수적 태도와 수많은 테스트를 거쳐야 하는 비용의 문제 때문인 것 같다.

비행기의 오토파일럿이 자율주행 기술만큼 빠르고 혁신적이지는 않지만 그래도 오랜 세월 동안 많은 발전을 했다. 초창기 오토파일럿은 그저 주어진 속도, 고도, 방위를 유지하는 정도였다. 비교하자면 자동차의 크루즈 컨트롤 수준이라고 보면 된다. 비행기와 마찬가지로 배에도 자동조종 장치가 있다. 배나 비행기는 자동차처럼 복잡하고 장애물이 많은 지면 위를 움직이는 것이 아니라서 오래전부터 이러한 기능이 가능했던 것이다. 배의 경우에도 암초가 많은 해역을 지날 때는 자동조종을 사용할 수 없었다고 한다.

관성항법 장치, GPS의 개발로 비행기가 스스로의 위치를 알게 되고, 컴퓨터 기술을 도입하면서 자동조종 장치는 엄청난 진화를 이루었다. 조종사가 입력한 비행 경로를 따라 항법을 할 수 있게 되었고, 연료량을 측정해서 예상되는 연료 소모량을 계산해줄 수 있게 되었으며, 비행기 시스템을 스스로 진단해 고장을 알려줄 수 있게 되었다. 즉, 구식 비행기에 탑승하던 항법사와 기관사의 직업을 빼앗은 것이다. 이후 비행기에는 조종사와 부조종사 두 명만 남게 되었다.

아직까지 오토파일럿이 비행하는 것을 감시하고 상황에 따라 의사 결정을 내리는 것은 조종사의 역할이다. 언제든 필요하면 조종사가 오토파일럿을 오버라이드(Override : 수동 조종 또는 수동 조작으로 오토파일럿을 무력화시키는 것. 조종사의 수동 조종이나 조작이 자동조종보다 우세하도록 알고리즘을 설계해 오토파일럿이 비행기를 잘못된 상태로 유도할 경우 조종사가 수동으로 이를 저지하고 수정할 수 있도록 하는 것이다) 할 수 있으며, 실제로 그렇게 해야 하는 상황이 꽤 많다. 쉽게 말해, 오토파일럿보다는 조종사가 계급이 높다.

하지만 이 믿음에 조금씩 균열이 생기고 있다. 대표적인 예를 유럽의 항공기 제조사 에어버스에서 볼 수 있다. 에어버스 시리즈 항공기는 공중에서 어떤 위험 상황이 되면, 예를 들어 매우 위험한 자세, 기체가 파손될 수 있는 초고속, 실속의 위험이 있는 초저속 등의 특정 상황에서 조종사의 권위를 빼앗아버린다. 그 순간 조종간이 먹통이 되어 조종사가 아무리 조종간을 흔들어도 비행기가 반응하지 않는다. 대신 자동조종 장치가 일단 안정된 상태로 비행기를 회복시킨 후 다시 조종 권한을 조종사에게 돌려준다.

미국의 보잉사 비행기에도 비슷한 기능들이 있지만 조종사가 마음먹고 힘으로 조종간을 세게 움직이면 자동조종 장치의 기능을 무력화할 수 있다. 어떤 상황에서도 최종 권위를 조종사에게 주는 것이다. 이것은 기술의 차이가 아니라 유럽과 미국의 비행 철학 차이이다. 그래서인지 조종사 급여도 미국이 유럽보다 낫다.

 자동착륙? 오케이, 자동이륙? 아직은…

오토파일럿은 어디까지 비행기를 자동으로 조종할 수 있을까? 비행기에도 언젠가 4차 산업혁명이 찾아오면 조종사라는 직업도 개념이 바뀔지 모른다. 그러나 항공 산업은 신기술에 대해 매우 보수적이어서 시간은 좀 걸릴 것 같다.

앞에서 플랫폼 이야기도 꺼냈는데, 비행기를 관제하는 것도 아직은 주로 사람에게 의지한다. 관제 시설과 장비에도 많은 발전이 있었지만, 특히 큰 공항과 그 주변의 비행 관제는 아직도 관제사의 판단과 결정이 절대적이다. 이런 까닭에 관제사도 조종사처럼 아직 AI에게 직장을 뺏기지 않고 잘 버티고 있다.

복잡하고 교통량이 많은 공항 주변에서는 프로그램대로만 움직여서는 비행기들을 통제할 수 없다. 공항 입·출항 단계에서는(지상에서 고도 약 7,000미터 사이의 구간) 그때그때의 상황에 따라 관제사가 조종사에게 지시를 내리고, 조종사는 그 지시에 따라 조종을 해야 한다. 그렇다고 완전 수동으로 조종을 해야 하는 것은 아니다. 미리 프로그램한 대로 비행을 할 수는 없지만 기본적인 오토파일럿 기능으로 비행을 할 수는 있다. 즉 관제사의 지시에 따라 속도, 고도, 방향을 조종사가 수시로 변경하는 방식으로 비행을 하는 것이다. 복잡한 공항에서는 이것도 바쁘지만 손으로 비행하는 것보다는 여유가 있다.

자동착륙이란 말을 들은 적이 있을 것이다. 공항에 자동착륙 유도 시설이 갖추어져 있고, 비행기에 자동착륙 기능이 있으면 언제든 자동착륙을 할 수 있다. 특히 안개가 껴서 시정이 나쁠 때는 사람보다 오토파일럿이 더 유리하다. 눈이 없어도 착륙을 할 수 있으니까. 오토파일럿을 이용한 자동착륙은 오래전부터 개발되었고 널리 사용되고 있다. 하지만 아직 이륙은 오토파일럿이 할 수 없다. 이륙 중 엔진 고장 등 돌발상황에 대처하는 것은 오토파일럿보다 훈련된 파일럿이 더 낫다고 보는 것이다.

착륙도 항상 오토파일럿이 할 수 있는 것은 아니다. 조종 성능에 영향을 주는 고장이 생기거나, 바람이 정해진 속도보다 강하게 불면 조종사가 수동으로 착륙해야 한다. 오토파일럿 이 아이, 열심히 하지만 아직 비행 더 배워야 한다.

보통 비행기들은 기종에 따라 이륙 후 지상 50~300미터부터 오토파일럿을 사용할 수 있고, 자동착륙이 가능한 조건이면 착륙 후 활주로에서 나가기 전까지 오토파일럿을 사용할 수 있다. 물론 조종사들이 매번 자동착륙을 하지는 않는다. 나처럼 드물게 사용하는 사람은 1년에 한두 번밖에 안 한다. 대부분의 조종사는 자신이 오토파일럿보다 착륙을 더 잘한다고 생각하기 때문이다. 믿거나 말거나.

오토파일럿은 능력 있는 부조종사

요새 웬만한 국제선 비행에서 오토파일럿은 필수 장비다. 비행기가 워낙 많아지다 보니 비행기와 비행기 사이의 간격을 점점 좁혀 관제를 한다. 촘촘한 비행 관제를 위해 특정 환경에서는 게으른 사람 대신 부지런한 오토파일럿에게 비행을 맡기도록 의무화한다. 또한 어떤 곳은, 예컨대 복잡한 산악 지형이나 주변 소음 문제 등으로 반드시 오토파일럿을 사용하도록 규정하고 있다. 복잡한 경로를 매우 정확하게 비행해야 하기 때문이다. 아무리 에너지 넘치는 사람이라도 긴 시간 동안 오토파일럿만큼 칼같이 정확하게 고도와 경로를 유지하지는 못한다.

10,000미터 이상 고고도에는 공기가 희박해 조종도 매우 섬세하게 해야 한다. 조금만 과격하게 비행기를 움직여도 비행 자세와 속도가 불안정해질 수 있다. '옛날 찰스 린드버그나 에밀리아 에어하트는 수동 조종으로 대서양도 건너고 세계 일주도 했는데 요즘 조종사들 '군기'가 빠져 너무 변명이 많은 거 아닌가?'라고 생각한다면, 뭐 또 다른 변명을 안 할 수 없다.

그 시절은 낮은 고도로 비행하므로 공기 밀도가 높아 조종성이 더 안정적이었다. 더구나 개미 한 마리, 아니 파리 한 마리 없는 하늘을 혼자 비행하면서 고도, 경로쯤 대충대충 유지해도 노바디 캐어다. 반면에 지금은 대충 비행하다 관제 위반이라도 하면 집에 가서 한동안 반성하면서 쉬어야 한다. 린드버그 선생님이나 에어하트 선생님을 폄하하는 것이 아니라 그들은 선구자, 영웅, 스타이고 우리는 잘 짜여진 운항 시스템 안에서 승객 안전에 대한 책임을 위임받은 그냥 회사원이다.

오토파일럿은 소중한 나의 부조종사다. 그렇다면 옆에 앉은 인간 부조종사보다 나은가? 그만, 말조심해야지. 하지만 언젠가는 이 기계 부조종사가 내 자리에 앉을 것이다. 지금은 뇌가 손톱만 해서 입력하는 대로만 계산하고 움직이지만 점점 머리가 커지고 눈도 귀도 생기면 언젠가 훌륭한 조종사가 되어 있을 것이다. 지금은 나의 오토파일럿이 무척 자랑스럽지만 그때가 되면 조종사들은 직장을 잃고 모두 함께 손잡고 고향 앞으로 가야 할지도 모르니 걱정이다. 마무리가 횡설수설이다. 나 뭐래냐?

다시 정리하겠다. 오토파일럿이 비행하면 조종사는 뭐 하느냐고? 아직도 조종사가 해야 할 일이 꽤 많다. 오토파일럿이 아직 어린애라서 조종사들에게 육아 노동이 좀 있다. 하지만 이제 꽤 자라서 덕분에 좀 편하게 일할 수 있다. 오토파일럿한테 숙제 시켜 놓고 조종사들은 잠시 커피도 한잔 하고 가벼운 대화도 한다. 비상에 대비해서 항상 철저하게 준비하고 있으니 그 정도는 좀 봐줘야 하지 않을까.

기장과 부기장은 서로 무슨 일을 할까?

"기장과 부기장은 각각 무슨 역할을 하나요?"

"기장석, 부기장석의 계기는 똑같은가요?"

"비행 중에 기장과 부기장은 무슨 대화를 하나요?"

머리 아프다. 기장, 부기장 이거 계급이라 하기도 직위나

직책이라 하기도 뭐하고, 참 족보가 꼬인다. 그래도 일

단 시작해보자. 큐!

● ● ●

✈ 기장, 부기장? 조종사, 부조종사?

사실 부기장이라는 호칭은 외국에서는 쓰지 않는다. 중국과 일본에서도 한자로 '기장(機長)'은 우리말과 똑같은 의미로 쓰이지만, 부기장이라는 명칭은 쓰지 않는다. 대신 '부조종사'란 의미로 중국에서는 후지아시(副駕駛), 일본에서는 후꾸소주시(副操縱士) 또는 그냥 코빠이롯또(コーパイロット)라고 부른다. 우리나라 항공법 문구에도 기장은 있지만 부기장은 없다. 대신 일본처럼 '부조종사'를 사용한다.

항공 역사를 거슬러 올라가보면 조종사(Pilot)와 부조종사(Co-Pilot)가 오리지널 명칭이라 볼 수 있다. 그런데 언젠가부터 캡틴(Captain), 퍼스트 오피서(First Officer)라는 멋진 이름이 통용

되기 시작했다. 큰 비행기에 여러 명의 조종사가 탑승하는 경우, 보스 조종사가 PIC(Pilot-In-Command : 파일럿-인-코맨드)가된다. 항공법에서 말하는 '기장'이란 운송용 항공기에서 PIC를수행할 수 있는 자격을 갖춘 조종사를 의미하는 것으로 보면된다. 그냥 조종사라고 하면 자가용 조종사든 전투기 조종사든모든 '솔로 파일럿'을 통칭하기 때문에 대형 운송용 항공기의조종사와 섞어 쓰기에는 행정적으로 좀 헷갈린다.

반면 부조종사는 혼자서는 비행기 조종을 할 수 없는, 엄밀히 말해 아직 조종사가 아닌 신분이다. 하지만 대형 항공기의부조종사는 조금 다르게 보아야 한다. 그가 조종사가 아니라기보다는, 그의 커리어상 이전에 이미 군용기나 소형 비행기에서조종사로서 솔로 비행을 했지만 지금은 대형 항공기의 조종사가 되기 위해 다시 경험을 쌓는 과정에 있다고 보면 된다.

우리나라에서는 보통 부조종사를 부기장으로 부른다. 말 그대로 '부기장'이라 하면 세컨드-인-코맨드(Second-In-Command : SIC)를 의미하는데, 사실 SIC는 계급이나 직위라기보다 지휘체계에 따른 임무의 정의로 보아야 한다. 기장도 같은 기장끼리 비행을 하면 한 명은 SIC 임무를 해야 하기 때문이다.

부기장이란 명칭이 부조종사 직책을 정확하게 설명한다고말하기에는 좀 애매하지만, 국내 모든 항공사에서는 부기장을 정식 직책뿐만 아니라 직위로도 사용하고 있다. 이 직함의 유래는 나도 잘 모르겠다. 비행기 내의 지휘 체계를 반영한 것으로 보이지만, 이유가 꼭 그것만은 아닌 것 같다. 굳이 이름에 장(長)자를 붙이지 않아도 지휘 체계의 순서는 부여할 수 있으니 말이다. 짐작건대 우리나라 1950~60년대 초기 항공사가 공군 조종사들을 스카우트할 때 6.25 참전 용사들을 '부조종사'라는 직함으로 모셔오기는 어려웠을 것 같다. 전쟁 중 하늘을 누비던 전투 조종사가 하루아침에 부조종사로 강등되는 느낌이랄까. 혹은 70년대 '버스 차장'처럼 고유의 역할보다는 특유의 '우두머리즘' 정서가 반영된 것도 같다. '장(長)' 자가 붙으면 그만큼의 무거운 책임이 따르기 마련인데 직함을 너무 가벼이 여기는 것 같아 좀 씁쓸하기도 하다. 이런 추론들은 어디까지나 나만의 생각이다. 크게 의미를 두진 말자.

오래전부터 덩치가 큰 항공기는 두 명의 조종사가 운항하도록 설계되어 왔다. 자동화가 발전하기 이전에는 네 명이 한 팀이 되어 조종실에 들어갔다. 그때도 조종간을 잡을 수 있는 조종사는 그중 두 명이었고 나머지 두 명은 항법사와 기관사였다. 두 명의 조종사는 조종사와 조종사 또는 조종사와 부조종사의 조합으로 비행을 할 수 있고, 부조종사와 부조종사는 함께 비행할 수 없다. 부조종사는 아직 솔로 조종사 자격이 없기 때문이다.

서론을 좀 넓게 시작했는데, 편의상 이제부터는 보잉, 에어버스와 같은 일반적인 운송용 항공기를 기준으로 명칭도 모두에게 익숙한 항공사의 '기장'과 '부기장'을 사용해 이야기해보겠다.

부기장의 가장 큰 책임과 역할은 '수련'

그렇다면 기장과 부기장의 업무는 어떻게 구분할까? 구분할 필요 없다. 거의 똑같다고 보면 된다. 단, 두 가지가 다르다. 기장에게는 마지막 의사결정을 할 권한과 책임이 있고(그래서 서명할 문서가 많다), 또한 부기장을 감독하고 그가 경험을 쌓을 수 있도록 도와야 하는 책임이 있다. 이 두 가지 빼고 나머지는 똑같다.

원론적으로 말하면 부기장은 기장이 되기 위해 수련하는 사람이라고 보면 된다. 병원의 인턴이나 레지던트처럼 말이다. 부기장은 LCC(저비용 항공사)처럼 짧게는 5년, 메이저 항공사처럼 십수 년 이상 경험을 쌓은 후 기장으로 승급하기 위한 훈련과 테스트를 받는다. 이것은 항공사가 미래의 기장을 만들기 위해 위험을 감수하고 투자를 하는 것이다. 기장 두 명을 함께 태우면 서로 감독할 필요도 없이 가장 안전하겠지만 기장을 키워내지 않으면 언젠가 기장의 대가 끊어지지 않겠는가? 따라서 부기장의 가장 중요한 역할은 바로 '수련'이고, 부기장의 '수련'을 돕는 것은 기장에게 주어진 여러 가지 역할 중 하나다.

✈ 부기장이 사고를 내도 기장이 책임진다

두 명의 조종사가 비행을 하도록 되어 있지만 사실 조종은 한 사람이 한다. 두 명이 동시에 핸들을 잡으면 비행기가 어디로 가겠는가? 따라서 한 사람이 조종을 하면 나머지 한 사람은 보조 역할을 한다. 항공 용어로 조종을 하는 조종사를 PF(Pilot Flying), 보조하는 조종사를 PM(Pilot Monitoring), 혹은 PNF(Pilot Not Flying)라고 한다. 기장이 PF를 하면 부기장이 PM을 하고, 반대로 부기장이 PF를 하면 기장이 PM을 한다.

부기장에게 PF 역할을 부여할 수 있는 것은 기장의 고유 권한이다. 부기장에게 PF 임무를 이양했다 하더라도 안전에 관한 책임은 기장에게 있다. 다시 말해, 부기장이 착륙을 하다가 사고를 내도 기장이 책임을 져야 한다. 그러다 보니 부기장이 PF로 조종을 하다가 잘못해 위험한 상황을 초래하면 기장은 적극적으로 이를 수정해야 한다. 조종 개입을 하는 것이다. 마음 순한 기장은 차근차근 수정을 해주고, 성격 화끈한 기장은 호통을 치기도 한다. 기장이 조심성이 많으면(전문용어로 '새가슴') 조금만 잘못해도 지체 없이 개입을 하고, 좀 여유 있는 성격이면 부기장이 스스로 고칠 수 있도록 조금 기다려준다. 승객 입장에서 보면 안전을 위해 빨리빨리 잘못을 수정하는 것이 좋겠지만 부기장의 수련을 위해서는 위급한 상황이 아니라면 조금은 기다려주는 것이 좋다. 실수를 하면서 배우는 것은 매우 효과적인 학습 방법이기 때문이다.

🔘 조종을 안 하는 조종사는 비행 중에 뭘 할까?

PM의 임무는 보조 역할이지만 좀 더 구체적으로 말하면 네 가지 주요 역할이 있다. 첫째는 무선통신을 하는 것이고, 둘째는 체크리스트를 읽는 것, 셋째는 PF가 비행하는 것을 감시하며 실수나 이상을 발견하면 조언하는 것이다. 마지막 네 번째 역할은 PF가 명령하는 일을 하는 것이다. 의사가 수술 중에 메스나 클리퍼를 달라고 하면 보조가 이를 건네주듯, PF가 요구하는 것을 해주는 것이다. 예를 들어 PF가 랜딩기어를 내리라고 하면 PM은 랜딩기어 레버를 내린다.

이러한 역할에는 인적 실수(Human Error)와 인적 요소(Human Factor)에 대한 고민이 녹아 있다. 조종실에서 복잡한 절차를 따르면서 복잡한 스위치와 장비들을 다루려면 역할 분장을 잘해야 실수도 줄이고 효율도 높일 수 있다. 두 명에게 분명한 역할 분장이 이루어지지 않은 채 조작을 하면, 서로 조작을 하려고 중구난방으로 손이 엇갈리고 부딪혀 실수를 하게 된다. 또는 서로 상대방이 하는 줄 알고 아무것도 안 할 수도 있다. 야구 경기를 보면 수비할 때 가끔 그런 일이 있지 않나.

서로 확인하고 조언하는 일도 매우 중요하다. 만약 의견이 일치하지 않으면 각자 생각하는 것을 말하며 논의를 해야 한다. 물론 시간적인 제약이 있으므로 조종실에서 100분 토론을 벌일 수는 없다. 모든 결정권은 기장에게 있으므로 기장은 어떻게든 시간 안에 결론을 지어야 하고, 부기장은 기장의 결정을 따라야 한다.

내 경우, 비행 중에 어떤 문제나 이슈가 생기면 가장 먼저 나에게 주어진 시간이 얼마인지 가늠한다. 그 시간 중 7할은 생각하고 의논하는 데 사용하고, 나머지 3할은 결정된 것을 이행하는 데 할애한다. 나에게 10분의 여유가 있으면 7분간 토론해 결정하고 3분간 이행하고, 만약 10초의 여유가 있으면 7초 동안 고민하고 결정해 3초 동안 이행한다.

7초는 토론까지 하기에는 너무 짧은 시간이다. 이렇게 시간이 촉박할 때는 만약 내가 PF라면 상황과 의도를 설명하고 바로 조처할 것이고, PM이라면 '아이 해브 컨트롤'을 외치고 부기장의 조종권을 이양받아(전문용어로 'PF 뺏어서') 직접 조치를 취할 것이다. 하지만 이렇게 시간이 촉박한 경우는 드물다. 대부분 최소한 몇십 초에서 몇 분 정도는 서로 논의할 시간 여유가 있다.

이처럼 조종이라는 임무 관점에서 보면 누가 PF, PM을 하느냐에 따라 역할이 나뉘는 것이지 기장과 부기장의 업무에 근본적인 차이는 없다. 대신 관리적 관점에서 '지휘'와 '감독'의 역할은 기장에게만 있다.

✈ 운전할 때 왼쪽 좌석이 편할까? 오른쪽 좌석이 편할까?

그때그때 기장과 부기장이 번갈아 조종(PF)을 맡을 수 있으니 기장석과 부기장석의 기본 계기들은 쌍둥이처럼 서로 똑같다. 비행계기와 내비게이션 화면이 기장석과 부기장석에 각각 하나씩 있고, 비행관리컴퓨터(FMS)를 다루는 입력장치(CDU)도 각각 하나씩 따로 있다. 대신 엔진과 시스템 상태를 보여주는 계기는 가운데 하나만 있다. 직접 비행기를 컨트롤할 때 쓰는 계기가 아니다 보니 가운데 두고 함께 공유하는 것이다.

조종간도 기장석과 부기장석에 각각 하나씩 있다. 두 개의 조종간은 서로 연동되어 움직인다. 다만 두 명이 동시에 조종간을 쥐고 흔들면 더 힘센 사람 쪽이 먹히게 된다(에어버스는 좀 특성이 다르다). 조종간은 두 개가 있지만 추력 레버는 가운데 하나만 있다. 이것도 기장과 부기장이 같이 공유한다. 그렇다 보니 기장은 왼손으로 조종간을, 오른손으로 추력 레버를 잡아야 하고, 부기장은 오른손으로 조종간을, 왼손으로 추력 레버를 잡아야 한다. 결국 기장은 왼쪽에 앉아 왼손으로 조종을 하고, 부기장은 오른쪽에 앉아 오른손으로 조종을 하는 셈이다. 그래서 처음 부기장에서 기장으로 승급하면 운전석이 우측에 있는 일본에서 운전하다가 한국에 돌아와 운전하는 것처럼 어색한 느낌이 든다. 물론 금방 적응한다.

 기장과 부기장은 비행 중 주로 어떤 대화를 나눌까?

이게 왜 궁금할까? 곰곰이 생각해봤는데 정말 모르겠다. 그래서 간단한 답변으로 방어해보겠다. 똑같다. 일 이야기, 사는 이야기, 재밌는 이야기, 라떼는 이야기, 때로는 뒷담화. 톤 다운을 위해 정치, 역사, 종교 이야기는 안 하는 것이 매너다. 대화할 여유가 있을 때 짧게 농담도 하고 잡담도 한다. 너무 진지해지거나 길어지면 업무에 방해가 되므로 좋지 않다.

하루종일 잡담하면서 일하는 것은 아니다. 업무를 위해 꼭 해야 하는 대화가 있고, 회의처럼 의견 교환 같은 것도 하고, 때로는 말 안 하고 집중해서 일만 해야 할 때도 있다. 하지만 가벼운 대화가 일에도 도움이 된다. 비행이란 것이 사람이 함께 일하는 것이다 보니 대화를 나누다 보면 상대방의 입장을 이해할 수 있고 캐릭터도 파악할 수 있다. 너무 말 많은 것은 나도 딱 싫지만 좋은 대화를 적당히 나누면 서로 믿음도 생기고 팀워크도 좋아진다.

가끔은 부기장들이 말을 걸어 인생 조언을 구하는 경우가 있다. 이거 조심해야지, 잘못하면 일장 연설, 대강연이 되어버린다. 나는 이런 것 잘 못하는데, 한 번은 주니어 부기장이 이런 질문을 한 적이 있다.

"기장님, 저는 어릴 적부터 조종사가 되는 게 꿈이었는데, 이제 그 꿈을 이루고 보니 좀 허무해요. 이제는 어떤 꿈을 꾸어야 할까요?"

그의 얼굴을 힐끗 쳐다보니 초롱초롱한 두 눈이 별이 쏟아지는 하늘을 응시하고 있었다. 나는 주저 없이 대답해주었다.

"비행이나 똑바로 해, 임마!"

✈ 두 사람의 팀워크가 안전한 비행을 이룬다

두 명의 조종사는 잘 협조해서 안전하게 비행해야 한다. 특히 PM 임무를 잘하면 운항이 아주 매끄럽게 진행된다. 보조도 보조 나름의 기술이 있다. 그게 말처럼 쉬운 것이 아니다. 보조라고 우습게 볼 것이 아니라 기장도 자주 PM 임무를 하면서 PM 스킬을 길러야 한다. 내가 PF를 할 때 PM 능력이 좋은 부기장을 만나면 정말 편하다. 앞에 하나씩 나타나는 불확실성들을 깔끔하게 정리해주고, 궁금하고 가려운 곳을 그때그때 잘 긁어준다. 좋은 캐디를 만나면 골퍼의 성적이 좋아지듯 조종도 PM이 잘하면 PF의 기량이 더 좋아진다. 그래서 초보 부기장과 같은 조가 되면 살짝 긴장하기도 하고, 선임 부기장과 비행하면 방심하다 발등 찍히기도 한다.

기상이 나쁘거나 비정상 상황이 생기면 보통은 안전을 위해 기장이 직접 조종(PF)을 한다. 그러나 상황에 따라 부기장에게

PF를 주고 기장이 PM을 하는 것이 오히려 효과적일 수 있다. 아무래도 PF로서 조종에 집중하다 보면 문제 해결에 에너지를 쏟을 여력이 줄어들고 머리도 잘 안 돌아간다. 반면 PM으로서 상황을 바라보면 보이지 않던 것들도 보이고 전체적으로 시야와 사고가 넓어진다. 특히 멀티 태스크에 약한 사람은 뭔가 골똘히 관찰하고 생각해야 하는 상황에서는 부기장에게 조종을 맡기는 것이 더 낫다. 나중에 착륙은 직접 하더라도 문제를 해결하는 동안에는 부기장에게 조종을 맡겨 좀 더 안정적인 비행이 되도록 하는 것이 낫다.

비행 중 기장과 부기장의 의견이 맞지 않을 경우
어떻게 할까?

무언가 쟁점이 생기면 가능한 의견이 일치될 수 있도록 토론하고
설득, 검증하는 과정을 거친다. 중요한 결정을 내릴 때는 반드시
서로의 동의가 따라야 한다. 만약 끝내 서로 의견을 일치시킬 수
없으면 '서로 동의하지 않는다는 사실에 서로 동의'를 하고 기장이
결정을 내린다.

비행기에 구멍이 나면 진짜 모든 것이 빨려 나갈까?

비행기 객실은 풍선처럼 공기가 빵빵하게 주입된 상태
에서 비행한다. 그러므로 만약 어딘가 구멍이 나면 바람
이 새어 나갈 것이다. 작은 구멍이 뚫리면 이상한 소리
를 내면서 천천히 바람이 빠질 것이고, 큰 구멍이 뚫리면
막힌 곳이 뻥 뚫리듯 한꺼번에 공기가 빠져나갈 것이다.
자, 비행기에 구멍이 나면 영화처럼 순식간에 물건들과
사람까지 빨려 나가는지 알아보자. 큐!

· · ·

　큰 구멍이 생겨 급속하게 공기가 빠져나가는 것을 '급속한 감압(Rapid Decompression : 보통 0.5~5초의 속도로 감압되는 것을 말한다)'이라 한다. 이때 조종사는 산소마스크를 쓰고, 산소가 충분한 고도인 3,000m 이하로 비상 강하 해야 한다. 비상 강하는 모의 비행 훈련을 할 때마다 반드시 연습하는 과목 중 하나다.

　비행기 객실에 엄청나게 큰 구멍이 생겨 순식간에 감압되는 것을 '폭발성 감압(Explosive Decompression : 보통 0.1~0.5초 만에 감압되는 것을 말한다)'이라 하는데, 비행기뿐만 아니라 우주선, 심해 다이버들의 감압실 등 안과 바깥의 기압 차가 큰 특수한 환경에서 매우 조심해야 한다.

비행기의 경우, 물론 매우 드문 경우지만 미사일 격추, 공중 충돌, 엔진 폭발, 폭탄 테러 등으로 폭발성 감압이 발생할 수 있다. 보통 0.1~0.5초 만에 감압이 되어 마치 영화에서처럼 사람이나 물건이 빨려 나갈 수 있으며, 사람의 폐가 손상될 수도 있다. 감압 속도가 사람의 폐에서 기도를 통해 빠져나오는 공기의 속도보다 빠르기 때문에 생기는 문제다.

✈ 비행기의 구멍, 얼마까지 괜찮을까?

아주 작은 구멍은 크게 걱정하지 않아도 된다. 예를 들어 누군가 기내에서 총을 쏘아 동체에 총알구멍이 생겨도 비행기 여압에는 큰 영향을 주지 않는다. 기내에 공기를 불어넣고 압력을 조절하는 밸브와 노즐도 사실은 총알구멍보다 크다.

하지만 구멍이 창문만큼 크다면 위험하다. 그 정도의 크기면 급속한 감압이 발생한다. NASA의 연구를 보면, 기내에 약 30cm 직경의 구멍이 생기면 외기 압력으로 감압되기까지 100초 정도의 시간이 걸린다고 한다. 그 짧지 않은 시간 동안 주변의 사람이나 물건을 밖으로 강하게 빨아 당길 것이다.

1973년, 내셔널항공 DC-10 항공기가 비행 중 엔진이 폭발한 사고가 있었다. 폭발로 떨어져나간 엔진 파편이 동체의 유리창을 쳐서 구멍을 냈는데, 창가에 앉아 있던 승객 한 명이 주변 사람들이 잡아당겼음에도 불구하고 창문을 통과해 바깥으로 빨려 나가고 말았다. 비교적 최근인 2018년 사우스웨스트 항공 보잉 B737 비행기에서도 비슷한 사고가 있었다. 반쯤 빨려 나간 승객을 승무원과 주변 승객들이 잡아당겨 겨우 다시 안으로 들어오게 했지만 그 승객은 심각한 부상을 입고 결국 사망하고 말았다. 깨진 창문으로 사람이 빨려 나갈 정도이니 비행기의 비상구나 출입구 정도의 크기면 매우 위험하다. 근처에 사람이 있다면 순식간에 빨려 나갈 것이다.

그렇다면 만약 비행 중에 갑자기 문이 열리면 어떻게 될까? 지키는 사람도 없는데 누가 핸들을 돌려 열어버린다면? 하지만 크게 걱정하지 않아도 된다. 비행기 출입문은 순항 중에는 절대 열리지 않도록 설계되어 있다. 비행기 문은 핸들을 돌리면 일단 문 전체가 객실 안쪽으로 살짝 밀려 들어왔다가 다시 바깥 방향으로 밀려 나가도록 되어 있기 때문에, 기내 여압이 유지되는 상태에서는 기압이 더 높은 객실 안으로 문이 절대 밀려 들어올 수 없다. 그러나 이착륙 단계 혹은 매우 낮은 고도에서는 압력 차가 낮아 힘센 사람이 핸들을 돌리면 문이 열려 버릴 수도 있다. 물론 이 단계에서는 승무원들이 비상구 앞에 앉아 지키고 있다.

공기가 모두 빠져나가 객실 내 기압과 외부의 기압이 같아지면 더 이상 사람이나 물건이 빨려 나가지 않는다. 대신 구멍의 크기나 위치에 따라 객실 내에는 바람이 거세게 몰아칠 것이다. 그리고 몹시 추울 것이다. 고도가 높을수록 온도는 떨어지니까. 겨울철 고속도로에서 창문을 활짝 열고 달리는 자동차를 상상해보면 이해될 것이다.

1988년에 발생한 알로하항공 243편 사고는 아주 유명하다. 마치 영화에서나 볼 법한 일이 실제로 일어났다. 하와이 힐로 공항을 이륙한 보잉 B737 항공기가 기체 노후로 기압 차를 견디지 못하고 동체에 균열을 일으켰다. 그러다가 한순간에 객실 앞쪽 천장이 떨어져 나가면서 폭발성 감압이 발생했다.

객실 앞쪽에서 기내 서비스를 하고 있던 승무원 한 명이 순식간에 밖으로 빨려 나가버렸고, 여러 명의 부상자가 발생했다. 천정이 떨어져 나가 외기에 노출된 상태에서 승객들은 한동안 비행을 계속해야 했다. 뚜껑 열고 도로를 달리는 오픈카처럼 하와이 상공을 비행했던 것이다. 다행히 비행기는 비상착륙에 성공해 더 이상의 인명 피해는 발생하지 않았지만 착륙한 비행기 모습은 무척 처참했다.

비행기를 타면 왜 귀가 먹먹해질까?

사람의 귓속 깊숙한 부분과 코와 이마 부분에는 빈 공간이 있다. 이 공간들이 하는 기능이 궁금하면 의사 선생님에게 물어보고, 중요한 것은 여기에 공기가 찬다는 것이다. 이 공간은 외부 기압이 낮아지면 공기가 빠져나가고 높아지면 공기가 들어오는데, 일상생활에서는 기압의 변화라는 것이 크지 않다 보니 평소에는 평화롭다. 하지만 비행기를 타면 분주하게 공기가 들락거린다.

이 공간들은 가느다란 통로를 통해 코와 귀로 연결되어 있다. 문제는 공기가 빠져나가기는 쉬운데 들어오는 것은 구조적으로 좀 복잡하다는 것. 아마 바깥의 이물질이나 병균의 침입을 막기 위해 그렇게 진화한 것 같은데, 이것도 자세한 것은 의사 선생님에게 물어보도록. 어쨌든 이런 이유로 높은 곳으로 올라갈 때는 마치 방귀 뀌듯 귓구멍에서 바람이 쉽게 새어나가는데 낮은 곳으로 내려갈 때는 공기가 잘 들어오지 않아 귀가 먹먹해진다.

이때 침을 삼키거나 껌을 씹는 등 목구멍과 턱을 움직여 통로 주변을 자극하면 공기가 조금씩 새어 들어오게 된다. 굳이 이런 행동을 하지 않아도 시간이 지나면 자연스럽게 해결되지만 종종 염증이 생겨 통로가 막히면 통증이 심해질 수 있다.

한 번에 해결하고 싶으면 이른바 '발살바(Valsalva)'를 하면 된다. 손으로 코를 꽉 잡고, 코를 풀 듯 흥 하고 공기를 내뱉으면 통로가 뻥 뚫리면서 공기가 쑥 들어오게 된다. 이것은 조종사뿐만 아니라 스쿠버다이버들도 항상 사용하는 방법이다.

고도가 높아질수록 기압이 낮아지는 것은 과학 시간에 배웠을 것이다. 사람의 경우 고도 4,500m 이상 올라가면 공기가 희박해져 최악의 경우 산소 결핍으로 죽을 수도 있다. 하지만 여객기는 풍선에 바람을 넣듯 객실에 공기를 빵빵하게 주입한 상태에서 비행하기 때문에 10,000m 높이에서 나는 비행기 안에서도 승객들은 산소마스크 없이 편하게 호흡할 수 있다.

그렇다면 기내 기압은 어느 정도 될까? 바닷가 정도는 아니고 백두산 높이 정도의 기압을 유지한다. 그러니까 10,000m 이상 순항하는 비행기를 타더라도 내 귓속은 백두산 꼭대기까지만 올라갔다 내려온다고 보면 된다. 백두산 높이가 정확히 얼마인지는 각자 공부할 것.

비행기에서 태어난 아이의 국적은?

이런 건 변호사나 판사에게 물어봐야지 왜 조종사한테 물어보나? 하지만 나도 한때 법조인의 꿈을 가졌던 사람이라 이런 종류의 법 논리에 호기심이 생긴다. 아는 대로 이야기해볼 테니 혹시 틀린 부분이 있으면 친절하게 고쳐주시길. 큐!

✈ 속인주의, 속지주의

알다시피 우리나라 국적법은 속인주의를 채택한다. 부모가 한국 사람이면 아기가 어디서 태어나든 한국 사람이 된다. 반면 우리나라 형법은 기본적으로 속지주의를 적용한다. 외국인이 한국에서 범죄를 저지를 경우 국내법을 적용해 처벌할 수 있도록 하기 위해서다. 하지만 한국인에게는 동시에 속인주의도 적용된다. 따라서 한국인이 외국에서 범죄를 저지르면 현지법뿐만 아니라 국내법으로도 처벌을 받을 수 있다. 이처럼 사람의 국적과 법 적용의 상관관계는 꽤 복잡하다.

국적을 부여할 때도 어느 나라는 속인주의를, 어느 나라는 속지주의를, 또 어떤 나라에서는 상황에 따라 이 두 가지를 병행해 적용한다. 그렇다 보니 국제선 비행기에서 아기가 태어나면 여러 나라의 법들이 얽히고설켜 족보가 꼬여버린다. 어떤 아기는 한꺼번에 두세 개의 국적을 가질 수도 있고, 또 어떤 아기는 아무 국적도 없이 법의 사각지대에 놓일 수도 있다.

핏줄이 중요한 한국은 속인주의를 채택하므로 비행기에서 한국인 산모가 아기를 낳으면 그 아기는 자동적으로 한국 국적이 된다. 외국 국적의 산모가 아기를 낳으면 그 비행기가 한국 비행기든 서울 상공에서 낳았든 한국 국적법과는 아무 관련이 없어진다. 물론 아버지가 한국인이고 산모와 혼인신고를 한 상태라면 그 아기는 한국 국적을 취득할 수 있다.

만약 그 비행기가 미국 영공에서 비행 중이었다면? 속지주의를 채택하는 미국 땅에서 태어났으므로 산모의 국적과 상관없이 그 아기는 미국 국적을 얻을 수 있다. 산모가 한국인이라면 그 아기는 미국과 한국 두 개의 국적을 얻게 되어 이중국적이 된다.

속지주의를 채택하는 캐나다와 미국에서는 자국의 영토, 영공에서 태어난 아기에게 부모의 국적과 상관없이 자국의 시민권을 준다. 반대로 미국인이 다른 나라 영토에서 아기를 낳으면 어떻게 될까? 속지주의를 채택한다고 해서 미국 밖에서 태어난 미국인의 아기를 미국인이 아니라고 할 수 있을까? 특히 공해상에서 태어나면 어떤 나라의 국적도 얻지 못하는 것 아닌가? 그래서 미국은 속지주의와 함께 속인주의도 동시에 적용한다. 복잡한 요건들을 충족해야 하지만 일반적으로 정상적인 미국 국적의 부모가 외국에서 또는 공해상에서 아기를 낳으면 그 아기는 당연히 미국 국적을 가질 수 있다.

'기국주의'라는 말도 있다. 그 비행기가 어디를 날고 있든 그 비행기 공간을 비행기가 등록된 나라의 영토로 간주하는 개념이다. 점점 복잡해진다. 법적으로 판정하기 골치 아픈 경우가 많다 보니 이런저런 개념을 도입하는 것 같다.

 태어나자마자 3개의 국적을 얻은 아기

인터넷을 검색해보니 한 우간다 여성이 미국 국적의 비행기를 타고 캐나다 영공을 통과하는 도중 아기를 낳았더니 우간다, 캐나다, 미국 이렇게 세 개의 국적을 동시에 얻게 되었다고 한다. 우간다는 속인주의, 캐나다는 속지주의, 미국은 기국주의를 채택한 것 같은데 흔하지 않은 경우지만 법조인도 아닌 보통 사람들이 이런 사례들을 이해하기는 쉽지 않다.

국제적으로 조세나 범죄 관련 법률은 국가 간 조약이 잘 체결되어 있는 것으로 알고 있다. 그런데 국적법이나 이민법은 국가 간의 협약이 별로 없는 것 같다. 잘 몰라도 내가 받은 느낌은 국적이나 이민에 대해서는 각 나라들이 국제 공조보다는 독자적이고 폐쇄적인 정책을 더 선호하는 듯하다.

✈ 최악의 범행 장소는 비행기 안?

기국주의가 적용되는 경우는 주로 '기내 범죄'다. 대부분의 나라에서 형법을 적용할 때 기국주의를 채택한다. 비행기 기내를 비행기가 등록된 국가의 영토로 간주하는 것이다. 우리나라도 마찬가지다. 공해상에서 범죄를 저질렀다고 해서 한국 법정에 서지 않는 것이 아니다. 앞서 말했듯이 우리나라는 형법상 기국주의뿐만 아니라 상황에 따라 속지주의, 속인주의를 모두 적용한다. 한국 사람이 외국 국적의 비행기를 타고 공해상에서 범죄를 저질렀다고 해서 대한민국의 형법을 피해 갈 수 없다. 물론 그 비행기의 등록 국가도 기국주의를 채택할 테니 그 나라의 형법에도 저촉될 것이다. 범인은 양 국가의 범죄인 인도조약 등 관련 외교 협약에 의해 어느 나라의 법정에 설 것인지 결정될 것이다. 그러니 공해상에서 나쁜 짓을 하면 벌주려는 나라만 더 많아질 뿐이다.

📍 비행기의 국적이 뭔데?

기국주의를 채택할 때 '기국'이란 그 비행기가 등록된 항공기 등록국을 뜻한다. 쉽게 말해, 그 비행기가 어느 나라 번호판을 달고 있느냐는 것이다. 뭐 당연한 것처럼 보이지만 사실 행정적인 책임을 따질 때 비행기와 관련된 국가는 여럿이다. 항공기 제조국, 항공기 조립국, 항공기 소유국, 항공기 등록국, 항공기 운영국이 그것이다. 미국에서 설계해서 조립하고, 이것을 미국 사람이 사서 미국 정부에 등록하고, 또 미국 법인세를 내는 미국 회사가 빌려서 운영하면 위의 국가들은 모두 미국이 된다.

하지만 비행기가 국경을 넘어 다니고, 국제적으로 비즈니스 관계가 복잡하게 얽히다 보니 최소한 두세 개 국가가 동시에 연관된다. 이때 기국주의의 '기국'이란 그 가운데 '항공기 등록국'에 해당되며 곧 그 비행기의 국적이 된다.

✈ 산모가 비행기를 타려면

글을 마치려 보니 근본적인 의문점이 생겼다. 도대체 산모가 비행기에서 아기를 낳는 것이 가능하기는 한 걸까? 국내 항공사들은 임신 37주 이상의 임산부 탑승을 거부한다. 위험하기 때문에 태우지 않는다. 하지만 32주에서 36주 사이의 임산부는 의사 진단서를 제출하고 서약서를 쓰면 비행기에 탈 수 있다. 32주 이전이면 특별한 제한이 없다.

32주에서 36주 사이의 임산부가 아기를 낳으면 팔삭둥이가 된다. 흔하지는 않아도 주변에 팔삭둥이는 가끔 있지 않나? 임신 8개월의 임산부는 몇 가지 문서만 작성하면 비행기에 오를 수 있으니 비행기에서 아기를 낳을 확률도 생각보다 높지 않을까? 칠삭둥이, 팔삭둥이는 태어나서 호흡이 불안정해 곧바로 인큐베이터에 들어가야 할 경우가 많다. 그런데 기압도 낮고 의료 장비도 열악한 비행기에서 태어나면 어쩌란 말일까? 보통의 임산부라면 이런 위험을 무릅쓰고 비행기를 타지 않을 것이다. 하지만 꼭 비행기를 타야 하는 사정도 있을 수 있을 것이다.

한때 원정출산이 사회적 문제가 된 적이 있다. 미국에서 아기를 낳아 미국 국적을 취득하기 위해서였다. 37주 이전의 많은 임산부들이 진단서와 서약서를 제출하고 비행기에 올랐을 것이다. 37주가 넘는 만삭의 임산부가 서류를 위조해 탑승했을 경우도 아마 있었을 것이다.

이제는 법이 개정되어 원정출산은 시들해졌다고 한다. 개정된 법에 따라 이주 목적으로 미국 영토에 있는 것이 아니라면 남자 아기의 경우 병역의 의무를 필하기 전에 한국 국적을 포기할 수 없다고 한다. 10여 년 전의 이야기인데 지금 돌아보니 뭔가 웃픈 생각이 든다.

비행기는 얼마나 높이 날 수 있을까?

조나단 리빙스턴 시걸이 그랬나? '높이 나는 새가 멀리 본다'라고. 소설 《갈매기의 꿈》은 꽤나 종교·철학적인 내용을 담고 있다. 그렇게까지 비약하지 않더라도 비행 역사를 살펴보면 그 안에 더 높이 날고자 하는 인간의 욕망이 담겨 있는 것은 사실이다. 일종의 판타지다. 더 높은 곳이 더 미지의 세계이니까.

고도가 높을수록 공기는 희박해진다. 왕복엔진(자동차 엔진처럼 실린더 안에 피스톤이 왔다 갔다 하는 엔진)이 높이의 한계에 부딪히자 터보차저 엔진(Turbocharger Engine)이 나왔고, 터보차저도 더 이상 올라갈 수 없게 되자 터빈 엔진(Turbine Engine)이 나왔다. 아예 공기가 없어 더 높이 올라가지 못하게 되자 산화제를 이용한 로켓 엔진이 개발되어 지구 밖에까지 갔다 왔다. 그러고 보면 인간들 정말 '징글징글'할 만큼 대단하다. 한계에 이르러도 도무지 포기란 걸 모르니 말이다.

어쨌든 인간의 욕망 블라블라는 그만하고, 그저 B787 여객기 '운전사'답게 상업용 운송 항공기 수준에서 이야기해보겠다. 갈매기 조나단 때문에 좀 흥분했는데, 이제 캄다운하고 쉽게 가보자. 큐!

● ● ●

✈ 높이 날면 효율적이다

단거리 비행기는 고도를 낮게, 장거리 비행기는 고도를 높게 순항한다. 그렇다고 무조건 낮게, 높게는 아니고 적정 고도를 찾아간다. 단, 4~5시간 이상의 장거리 비행이라면 적정한 '높게'가 대체로 '가능한 한 높게'에 가깝다고 볼 수 있다. 높이 날면 좋은 것이 연비다. 자동차가 고속도로를 달리면 연비가 좋아지듯 비행기도 고고도를 순항하면 연비가 좋아진다. 여기서 비행 공부 좀 해본 항덕 학생의 반박.

"아닌데요, 고고도는 저고도에 비해 같은 속도를 유지하려면 엔진파워가 더 들어가야 하는데요!"

그것도 맞다. 비행기가 같은 속도를 유지할 때, 높이 올라갈수록 엔진 RPM이 더 올라간다. 다시 말해, 엑셀을 더 밟아야 하니 연료를 더 쓸 수밖에. 그런데 여기서 한 가지를 더 생각해야 한다. 고고도에서 공기가 희박하면 그만큼 저항이 줄어들어 시간당 이동하는 거리는 길어진다는 점이다.

덴버에 있는 쿠어스필드 야구장을 투수들의 무덤이라고 부르는 이유를 생각해보면 이해하기 쉬울 것이다. 해발 1,600미터에 있는 이 구장은 다른 구장에 비해 공기의 저항이 적다 보니 투수가 던지는 공은 브레이킹이 잘 걸리지 않아 구질이 밋밋해진다. 반면 타자가 제대로 때린 타구는 쭉쭉 뻗어 나가 홈런이 되기 일쑤다. 1,600미터 고도에서 작은 야구공이 받는 힘의 차이가 이 정도인데 더 높은 곳에서 나는 육중한 비행기라면 더하지 않겠는가? 공기가 희박할수록 더더욱 쭉쭉 날아갈 것이다.

또한 항덕 학생이 말하는 속도란 비행기가 실제 이동하는 속도가 아니라 기체와 부딪히는 공기의 속도다. 따라서 서로 다른 고도에서 두 비행기가 같은 공기속도를 유지할 경우, 높은 곳의 비행기가 낮은 곳의 비행기보다 시간당 더 먼 거리를 날아간다. 실제 이동 속도는 더 빠르다는 이야기다. 같은 공기속도를 유지했는데 더 빨리 목적지에 도착할 수 있다면 연료도 그만큼 아낄 수 있다. 실제로 비행할 때 계획보다 낮은 고도로 순항을 하면 더 빠른 공기속도를 유지해야 한다. 그렇지 않으면 이동 속도가 느리니까. 자가용도 아닌데 비행기 배차 시간은 맞춰야 하지 않겠는가?

공기 밀도만 따지면 무조건 높이 올라가는 것이 정답이겠지만 공기가 희박한 고고도에서 엔진이 얼마나 성능을 발휘할 수 있느냐, 또 비행기 중량이 얼마나 무거우냐에 따라 높이 올라가는 데 한계가 있다. 맞바람과 뒷바람이 얼마나 부느냐도 고려해야 한다. 힘들게 올라갔는데 맞바람이 엄청 불면 허무하지 않겠는가. 따라서 적정 순항 고도의 산출에는 엔진, 무게, 바람, 온도 등의 함수관계가 있다. 뭐 그리 어려운 계산은 아니고 비행 컴퓨터나 성능표 그래프를 활용해 상황에 맞는 적정 고도를 구할 수 있다. 그렇지만 이런저런 사정으로 적정 고도를 유지할 수 없는 상황이라면 낮은 고도보다는 아무래도 높은 고도를 택하는 것이 대체로 경제적이다.

무게에 따라 적정 고도도 달라진다

가능한 한 높게 나는 것이 유리하지만 무거운 비행기가 감당할 수 없을 정도로 높게 올라가면 위험하다. 여분의 엔진 추력이 없어 비행기의 기동성이 약해지고 잘못하면 추락할 수 있다. 그러므로 안전이 보장된 상태에서 허용 가능한 정도의 높은 고도를 선택해야 한다. 우리가 보통 여행할 때 타는 운송용 제트기의 최고 고도는 대체로 40,000~43,000피트(12,200~13,100미터) 정도다.

단거리 비행은 상관없지만 장거리 비행은 적정 고도를 유지하는 것이 매우 중요하다. 12시간 동안 기름을 활활 태워야 하니 연료를 10%만 아껴도 엄청난 비용을 절약할 수 있다. 가능한 한 높이 올라가야 하겠는데, 장거리 비행이라 연료를 가득 실었으니 몸이 천금같이 무겁다. 하지만 도착할 즈음이면 연료를 시원하게 다 태워 엄청 가벼워져 있을 것이다.

시간당 6톤의 연료를 태운다고 가정하면 12시간 뒤에는 72톤의 연료를 소비하게 되는데, 많게는 비행기 무게의 25~30%가 줄어들게 된다. 따라서 이륙 직후부터 시간이 지날수록 비행기는 점점 가벼워지고, 올라갈 수 있는 고도도 점점 높아지게 된다. 그러므로 장거리 비행기는 어느 정도 무게가 줄어들면 더 높은 고도로 순항 고도를 변경하는데, 이것을 긴 시간에 걸쳐 여러 번 반복해 마치 계단을 오르듯이 올라간다. 이것을 스텝 클라임(Step Climb) 또는 순항 상승(Cruise Climb)이라 한다.

단거리 비행은 무조건 높이 올라간다고 좋은 게 아니다

단거리 비행은 다르다. 무조건 높이 올라가는 것이 절약하는 것이 아니다. 장거리 비행기처럼 높은 고도로 올라가려면 더 오랫동안 상승을 해야 하는데, 자동차가 언덕을 오를 때와 마찬가지로 비행기도 상승할 때 더 많은 연료를 소비한다.

예를 들어 장거리 비행 고도인 39,000피트(11,800미터)까지 상승하려면 30분 정도 걸린다. 만약 제주로 가는 1시간짜리 비행에서 39,000피트까지 올라가버리면 비행 시간의 절반을 상승만 하게 된다. 강하해서 착륙하는 데도 보통 30분은 걸리니 올라가자마자 다시 내려가야 한다. 연료 효율 때문에 고고도까지 꾸역꾸역 올라갔는데 숨 고를 새도 없이 바로 내려가버리면 아무 의미가 없지 않을까? 기왕 올라갔으면 두세 시간은 순항을 해줘야 남는 장사가 된다. 따라서 서울에서 제주 갈 때는 보통 26,000~27,000피트(7,900~8,200미터)까지만 올라간다.

동남아와 동북아처럼 중거리 국제선은 중량이 그리 무겁지 않으니 처음부터 38,000~41,000피트(11,600~12,500미터)까지 올라간다. 하지만 10시간 넘게 비행하는 장거리 국제선은 연료를 많이 실으니 이륙 중량이 무겁다. 따라서 처음에는 30,000~35,000피트(9,100~10,700미터) 정도에서 순항을 시작해

무게가 가벼워짐에 따라 단계별로 조금씩 순항 고도를 높인다. 최종적으로는 중거리 노선과 마찬가지로 38,000~41,000피트 (11,600~12,500미터) 정도가 최종 순항 고도가 된다.

📍 적정 고도는 한 가지 요소만으로 정해지는 것은 아니다

경제성을 따져 최적의 고도로 비행하려고 해도 언제나 마음 대로 되는 것은 아니다. 많은 비행기들이 같은 항로를 비행하 다 보니 관제사가 매번 내 입맛에 맞는 고도를 배정해주지 않 는다. 또 항로상에 제트기류처럼 엄청 센 바람이 있다면 원하 는 고도로 날 수도 없다. 이처럼 적정 고도를 결정하는 데에는 고려할 요소가 여러 가지다. 스크루지 영감처럼 무조건 연비만 따지면서 비행하는 것은 아니란 이야기다.

그런데 솔직히 말해 고도를 정할 때 전체 고려 사항이 100 이라면 연비가 90인 것은 사실이다. 사실 나도 연료 신경 안 쓰고 스포츠카 붕붕 타는 것처럼, 혹은 탑건처럼 애프터버너 (Afterburner : 전투기의 제트 엔진에 순간 추력을 강화하기 위해 엔진 뒤에 장착하는 추가 장치)에 기름 활활 태우면서 쌕쌕 날고 싶다. 하지 만 막상 비행기 조종석에 앉으면 안 된다. 결국 자린고비가 될 수밖에 없다. 왜냐하면 그것이 더 프로다운 자세이기 때문이다. 연료를 아끼면 돈을 절약할 수 있을 뿐만 아니라, 더 오래 비행할 수 있는 시간을 벌어 안전에도 유리하다.

✈ 높이 올라가면 더 편안하다?

'높이 올라가면 더 쾌적하다' 쪽이 더 맞는 것 같다. 천둥을 동반한 비구름이 많이 생기는 등 기상 변화가 심한 지역은 주로 공기가 많고 온도와 기압의 변화가 큰 대류권이다. 성층권으로 들어가면 기류가 비교적 순둥순둥해진다. 고도가 높아질수록 온도가 내려가는 것이 상식이지만, 성층권에 들어가면 고도가 높아질수록 기온이 상승하는 기온 역전 현상이 생기기 때문이다. 고도가 높아질수록 기압은 내려가는데 온도는 올라가니 기류가 더욱 안정적이 된다.

대류권계면(대류권과 성층권의 경계면)은 적도 지역에서는 보통 16,000~18,000미터, 중위도는 10,000~12,000미터, 고위도 지역은 6,000~8,000미터 높이에 형성된다. 따라서 중위도 지역은 3만 몇천 피트 이상만 올라가도 이미 성층권에 들어서게 된다.

기류가 안정적이라 비행하기는 좋지만 태양과 가까울수록 우주방사선 피폭 양이 많아진다고 생각하는 사람들은 고고도를 싫어한다. 오존층 안에서 비행하는 것을 마치 오염물을 거르는 필터 안에 있는 것처럼 여겨 기분 좋게 생각하지 않는다. 나는 잘 모르지만 과학적으로 모두 맞는 말은 아닌 것 같다. 이론적인 근거를 들어 설명할 수 없으니 이 부분은 패스. 대신 조종사의 입장에서 보면 고고도로 갈수록 희박한 공기 때문에 비행기의 기동성이 떨어져 조금 불안한 것은 사실이다.

물론 오토파일럿이 나보다 조종을 더 잘하겠지만, 만약 수동 조작을 해야 하거나 갑작스러운 돌풍을 만나 비행기의 속도가 불안정해지면 꽤 긴장된다. 비행기는 빡빡한 공기 쿠션이 받쳐주는 저고도보다 흐물흐물한 쿠션밖에 없는 고고도에서 훨씬 예민하게 다루어야 하기 때문이다. 물리 이론과는 좀 동떨어진 비유지만 자동차 주행을 할 때 고속도로가 빠르고 편하기는 하지만 고속 운전이 더 조심스럽고 살살 다루어야 하는 것과 같은 맥락이라고 보면 된다.

이륙 직전에 조종사는 무엇을 하나?

이륙 직전이라 하면 보통은 이륙할 활주로까지 비행기를 이동하고 있지 않을까? 비행기가 지상에서 엔진 추력으로 천천히 이동하는 것을 '택시(Taxi)'라고 한다. 카카오 택시 할 때 그 택시 말고. 같은 단어인데 다른 의미로 쓰인다.

정지된 상태에서 브레이크를 풀고 엔진 추력을 조금씩 올리면 비행기가 앞으로 천천히 움직이기 시작한다. 이때 러더 페달(Rudder Pedal : 발로 밟아 방향을 조종하는 발판)이나 스티어링 휠(Steering Wheel)을 움직이면 노즈 랜딩기어(앞바퀴)가 좌우로 움직여 조종사가 방향을 조종할 수 있다.

스티어링 휠은 주 조종간(Control Column)과 다른 것인데, 조종석 옆 창문 아래쪽에 따로 있다. 조종간은 공기 역학적 움직임만 조종하는 것으로 이착륙 할 때와 공중에서만 사용한다. 지상에서는 조종간을 움직여도 비행기에는 아무 반응이 없다. 브레이크는 메인 랜딩기어에 달려 있는데, 러더 페달의 윗부분을 밟으면 작동한다.

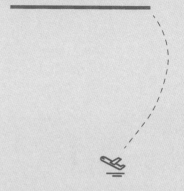

조종실 창문은 열 수 있나요?

"저기요, 안내양 아가씨, 답답한데 창문 좀 열어줄 수 없어요?"

베테랑 승무원들 사이에 회자 되는 전설의 에피소드다. 장거리 비행을 하다 보면 아무리 환기 시설이 잘 되어 있어도 기내가 답답하게 느껴질 때가 있다. 이때 시원하게 창문을 열면 얼마나 좋을까?

안타깝게도 비행기 창문은 여닫을 수 있는 구조가 아니다. 그런데 공항에 주기되어 있는 비행기 중에 조종실 창문이 열려 있는 경우가 간혹 있다. 아니, 조종실은 창문을 열 수 있나? 조종사들만의 특권인가?

・・・

✈ 기종에 따라 다르다

결론부터 말하자면 보잉 B737, B767, B777, 에어버스 A320, A330, A380 같은 비행기들은 창문을 열 수 있고, 보잉 B747, B787, 에어버스 A350 같은 비행기는 창문을 열 수 없다. 왜 다를까? 그리고 비행 중에는 기내 여압 때문에 창문을 열면 안 될 텐데 왜 어떤 비행기는 조종실 창문을 열 수 있게 만들었을까?

비행기 조종실 창문을 열 수 있게 한 가장 큰 이유는 조종실 탈출 때문이다. 말하자면 사고가 발생했을 때 조종실 안에 조종사가 갇히는 상황에 대비한 것이다. 그러므로 창문 위에는 탈출용 로프가 있고, 비상시 창문을 열고 로프를 내려 조종사가 지상으로 대피할 수 있다.

조종실 창문을 여는 방식은 대체로 비슷하다. 개폐 핸들을 사용해 수동으로 여닫는다. 에어버스의 경우, 핸들을 돌리면 창문이 조종실 안쪽으로 밀려 들어온 뒤 슬라이드 방식으로 창문을 뒤로 밀어 연다.

비행 중에는 산소가 충분하도록 기내 기압을 외부보다 높게 유지하기 때문에 기압 차로 인해 사람의 힘으로는 창문을 열 수 없다. 따라서 기압 차가 없는 지상에서는 항상 창문을 열 수 있고, 비행 중에는 객실 기압과 외기압이 동일한 경우에만 열 수 있다.

 그렇다면, 조종실 창문이 없는 기종은 어떻게 탈출할까?

조종실 창문은 일종의 안전을 위한 장치다. 그렇다면 왜 어떤 비행기들은 창문을 열 수 없게 만들었을까? 그 이유는 따로 탈출구가 있기 때문이다. 창문을 열 수 없는 비행기들은 대신 조종실 천정에 탈출구가 있다. 한 번에 사람 한 명이 빠져나갈 수 있을 정도의 작은 크기다. 이 탈출구의 해치 옆에도 역시 탈출용 로프와 하네스(Harness : 로프에 몸을 고정하여 매달릴 수 있는 장비. 하반신, 허리, 허벅지 등을 감싸도록 가죽이나 섬유 재질로 단단하게 만들어져 있다)가 장착되어 있다. 비상시 핸들을 돌려 해치를 연 뒤, 로프를 타고 지상으로 대피할 수 있다.

탈출구가 비행기 천정에 있으면 외부로 나갈 때 발 디딜 곳도 적고 높이도 높아 탈출이 더 힘들 수 있다. 따라서 창문을 통한 탈출이 더 편리할 수 있다. 하지만 창문은 비행기 진행 방향 정면에 있기 때문에 심각한 사고가 나면 창문이 막히거나 충격으로 개폐 장치가 고장날 수도 있다. 그런 경우 천정이 오히려 탈출에 용이할 수 있으니 창문이나 천정이나 서로 장단점이 있다.

✈ 그 밖에 창문을 열면 편리한 경우

조종실 창문 개폐 장치는 탈출 외에도 제법 유용하게 사용된다. 유리창 정면이 더러워졌을 때 창문을 열어 살짝 닦아낼 수도 있고, 한여름 지상에서 에어컨 성능이 좋지 않아 답답할 때 잠시 열어 환기를 시킬 수도 있다. 가끔 텔레비전이나 사진에서 국빈이 탄 비행기가 도착했을 때 창문을 열고 국기를 게양한 채 지상 활주하는 비행기를 본 적이 있을 것이다. 나도 중국 항공사에서 일할 때 지상 활주 중에 창문을 한 번 열어본 적이 있다. 조종실 청소 상태가 나빠 비행 내내 냄새에 시달린 까닭에 착륙해 게이트로 이동하는 동안 창문을 열었던 것이다. 하지만 금방 닫았다. 엔진 굉음이 냄새보다 더 괴로웠기 때문이다. 엔진 시동이 걸려 있을 때는 소중한 고막을 위해 창문을 열지 않는 것이 좋을 것이다.

가끔은 출발을 위해 비행기 출입구를 모두 닫은 상태에서 급히 문을 다시 열어야 하는 상황이 있다. 정비사가 물건을 두고 내렸거나, 필요한 서류가 탑재되지 않았는데 깜빡 잊고 출입구를 닫아버린 경우다. 계단차나 브리지가 연결되어 있으면 다시 출입구를 열면 되지만 출발을 위해 계단차와 브리지가 모두 떨어져 나갔다면 난감하다. 이럴 때도 조종실 창문이 요긴하게 쓰인다. 나도 창문을 열고 로프에 서류나 물건을 묶어 주고받은 경우가 몇 번 있다.

 이륙 중 창문이 열려 있으면 큰 낭패

하지만 주기(駐機) 중에 창문을 열고 나면 이륙 전에 창문이 제대로 닫혔는지 여러 번 확인하는 강박증이 생긴다. 창문이 제대로 안 닫혀 이륙 도중 이륙 중단을 했다는 전설 같은 이야기들이 전해오기 때문이다. 이륙 도중 조종실 안에서 평소 다른 소음이 나면 창문부터 살펴본다. 잠금장치가 제대로 잠겨지지 않았는지 확인하기 위해서다. 잠금장치가 제대로 잠겨져 있

어도 창문을 자주 여닫다 보면 창문 틈의 실링이 닳아 바람 새
는 소리가 날 수 있다. 하지만 상승하면서 풍선 부풀듯 기내 기
압이 높아지면 창문이 문틀에 꽉 압착되면서 소음도 사라진다.

✈ 비행 중에도 창문을 열어야 할 때가 있다?

비행 중에 창문을 열면 조종실 안은 외풍과 소음으로 정신이
없을 것이다. 시속 500km로 달리는 자동차에서 창문을 열었다
고 상상해보라. 하지만 정말 심각한 경우에는 창문을 열어야
할 때도 있다. 창문이 심하게 손상되었거나 연기 때문에 시야
가 가려진 경우다.

조종실 아래에는 전자 장비실이 있다. 이곳에서 전기 합선 등
으로 화재가 나면 조종실로 연기가 밀려 들어올 수 있다. 산소
마스크를 착용한다고 해도 조종실이 연기로 가득 차면 매우 위
험하다. 조종실 안에 연기가 심각할 경우, 우선 사람이 편하게
숨을 쉴 수 있는 저고도(보통 해발 3,000미터 이하가 안전 고도다)로
급강하한다. 그리고 기압을 조절하는 밸브를 열어 타이어 바람
을 빼듯 기내 압력을 풀어준다. 이때 내부의 공기가 빠져나가
면서 연기도 함께 빨려 나가게 된다.

공기가 다 빠져나가 기내와 외부의 기압 차가 없어지면 창문

을 사람 힘으로도 열 수 있다. 공중에서 창문을 열면 앞서 말한 대로 조종실은 정신을 차릴 수 없을 것이다. 연기를 제거했는 데도 연기가 계속 조종실로 밀려 들어온다면 시야가 확보되지 않아 착륙이 더 위험할 수 있다. 이 경우라면 착륙 직전 속도를 최소한으로 줄인 상태에서 창문을 여는 것을 진지하게 고민할 수도 있을 것이다.

비행기 조종실 창문은 안타깝게도, 맑은 날 활짝 열고 팔 기대어 펀 드라이빙(Fun Driving) 하기 위한 용도로는 사용할 수 없다.

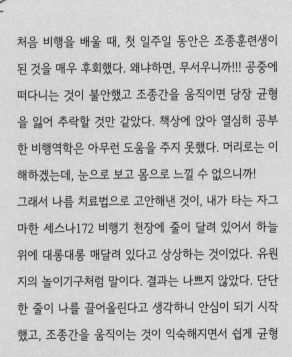

비행기는 공중에서 어떻게 균형을 잡을까?

처음 비행을 배울 때, 첫 일주일 동안은 조종훈련생이 된 것을 매우 후회했다. 왜냐하면, 무서우니까!!! 공중에 떠다니는 것이 불안했고 조종간을 움직이면 당장 균형을 잃어 추락할 것만 같았다. 책상에 앉아 열심히 공부한 비행역학은 아무런 도움을 주지 못했다. 머리로는 이해하겠는데, 눈으로 보고 몸으로 느낄 수 없으니까!

그래서 나름 치료법으로 고안해낸 것이, 내가 타는 자그마한 세스나172 비행기 천장에 줄이 달려 있어서 하늘위에 대롱대롱 매달려 있다고 상상하는 것이었다. 유원지의 놀이기구처럼 말이다. 결과는 나쁘지 않았다. 단단한 줄이 나를 끌어올린다고 생각하니 안심이 되기 시작했고, 조종간을 움직이는 것이 익숙해지면서 쉽게 균형을 잃지 않을 것이라는 믿음이 생겼다. 서핑을 처음 배울 때 배를 깔고 손으로 물을 젓다 드디어 보드에 두 발을 디디고 일어서는 순간이 온 것이다.

그런데 이 모든 과정이 단지 상상만으로 이루어진 것은 아니다. 이륙할 때 마치 줄이 끌어올리는 것처럼 비행기가 바람을 타고 떠오르는 힘을 느꼈고, 조종간을 움직일 때마다 비행기가 균형을 잡고 기동하는 것을 느낄 수 있었기 때문에 가능했다. 바람을 타고 날아오르는 것을, 선회하고 강하하고 상승하는 물리역학적인 운동을 내 몸이 이해하고 받아들이기 시작한 것이다.

그동안 내가 살면서 느껴온 대기는 아무것도 없이 텅 빈 것이었지만, 비행을 하면서 물체의 속도가 대기를 강

한 질량을 가진 물질로 바꾼다는 것을 알게 되었다. 비행을 시작한 이후 자동차를 탈 때마다 창문을 열어 바람 쐬는 것을 더 좋아하게 되었다. 창밖으로 손을 내밀어 손바닥을 날개 모양으로 만들면 하늘 위로 손바닥을 강하게 밀어 올리는 힘을 느낄 수 있다. 그 힘이 비행기 위에 달린 줄과 같은 것이었고, 그 속에서 균형을 잡고 이리저리 움직이는 것은 파도 위에서 서핑을 타는 것 같았다.

비행기가 공중에서 어떻게 균형을 잡을까? 디딜 바닥도 없는데 어떻게 뒤집히지 않는 걸까? 궁금할 만하다. 질문 좋다. 그런데 항공역학을 일일이 설명하자니 좀 어렵다. 게다가 재미도 없다. 그렇지만 다른 방법이 없을 것 같다. 가능한 한 쉽고 간결하게 설명해보는 수밖에. 아무래도 이번 글은 망할 것 같다. 그렇지만 도전, 큐!

✈ 날개와 꼬리날개 그리고 조종면

비행기가 속도를 높이면 배가 물 위에 뜨는 것처럼 공기 중에 뜨게 된다. 이때 위로 비행기를 떠받치는 힘을 양력이라고 한다. 양력은 비행기의 양 날개가 만들어낸다. 엔진이 열일하며 앞으로 가는 힘, 즉 추력을 만들어내면 그 움직이는 힘을 이용해서 날개는 두 팔 벌리고 가만히 앉아 양력을 만들어낸다.

수상스키나 서핑보드를 생각해보자. 멈춰 있을 때 보드 위에 올라타면 균형을 잡기도 힘들고 가라앉으려 한다. 하지만 속도가 붙으면 수면 위로 반발력이 생기면서 보드가 떠오르고 안정을 찾는다. 비행기도 날개에 흐르는 공기가 빨라지면서 바람을 쿠션 삼아 공중에 떠오르게 되는데 속도가 붙을수록 안정을 찾는다.

하지만 파도나 물결에 배가 옆으로 기울어지듯 비행기도 기류에 의해 옆으로 기울어질 수 있다. 이때 날개가 균형을 유지하도록 버티고, 동시에 꼬리날개도 비행기가 옆으로 기울어지는 것에 저항한다. 특히 수직 꼬리날개는 요트나 서핑보드 아래에 있는 센터보드와 같은 역할을 한다.

어느 정도 수평을 잡으면 조종간에 연결된 에일러론(Aileron)과 러더(Rudder)를 움직여 정확한 자세를 만든다. 에일러론은 양 날개 뒤에 붙어 있다. 자동차 핸들을 움직이듯 조종간을 좌우로 움직이면 에일러론이 따라 움직여 비행기를 좌우로 기울일 수 있다. 러더는 수직 꼬리날개 뒤에 붙어 있다. 자동차의 브레이크나 액셀처럼 바닥에 페달이 있어 조종사가 양발로 움직인다. 오른쪽 페달을 깊숙이 밟으면 러더가 오른쪽으로 움직여 기수가 오른쪽으로 돌아간다.

만약 비행기가 앞뒤로 기울어지면 어떻게 될까? 외발자전거를 탈 때 좌우뿐만 아니라 앞뒤 균형도 유지해야 하듯 비행기도 앞뒤로 시소처럼 흔들릴 수 있으니 앞뒤 중심도 잡아야 한다. 비행기의 앞뒤 균형을 맞추어주는 것이 바로 수평 꼬리날개다. 양 날개가 비행기를 위로 떠받치는 역할을 한다면 수평 꼬리날개는 거꾸로 아래로 눌러주는 역할을 한다.

비행기는 앞쪽이 무겁도록 설계한다

비행기는 항상 앞쪽이 더 무겁도록 설계한다. 비행기의 양 날개가 양력을 일으켜 위로 오르려는 힘을 만들면, 앞쪽으로 쏠린 무게중심이 비행기를 앞으로 고꾸라지게 한다. 이 힘을 막아 균형을 잡아주는 것이 수평 꼬리날개이다. 수평 꼬리날개가 비행기 꼬리를 아래로 눌러주는 힘을 만들어 마치 시소나 지렛대처럼 반대쪽을 내리누르는 작용을 한다. 즉, 양력을 중심에 두고 '앞쪽으로 쏠린 무게중심'과 '수평 꼬리날개가 누르는 힘'이 저울의 양쪽 무게추가 되는 것이다. 한쪽 무게추인 '앞쪽으로 쏠린 무게중심'은 비행 중에 마음대로 조절할 수 없으므로 반대쪽 무게추인 '수평 꼬리날개가 누르는 힘'을 조절해 비행기의 앞뒤 균형을 잡는다. 그런데 수평 꼬리날개가 어떻게 비행기를 눌러주냐고? 날개와 정반대 방향으로, 즉 거꾸로 양력을 일으키도록 하는 것이다. 다시 말해서 작은 날개를 위아래 뒤집어서 달아놓는 것이라고 보면 된다.

그렇다면 수평 꼬리날개가 아래로 누르는 힘을 어떻게 조절할까? 수평 꼬리날개에 달려 있는 엘리베이터와 스태빌라이저 트림(Stabilizer Trim)이 그 역할을 한다. 엘리베이터는 아파트 엘리베이터가 아니라 에일러론이나 러더처럼 수평 꼬리날개 뒤

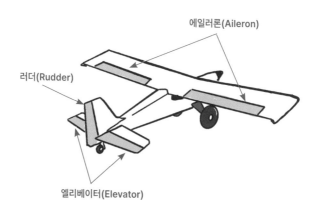

에일러론(Aileron)

러더(Rudder)

엘리베이터(Elevator)

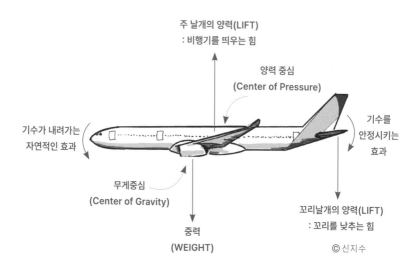

주 날개의 양력(LIFT)
: 비행기를 띄우는 힘

양력 중심
(Center of Pressure)

기수를
안정시키는
효과

기수가 내려가는
자연적인 효과

무게중심
(Center of Gravity)

꼬리날개의 양력(LIFT)
: 꼬리를 낮추는 힘

중력
(WEIGHT)

ⓒ신지수

에 달려 있는 조종면이다. 조종간을 당기거나 누르면 엘리베이터가 아래위로 움직여 비행기 기수각을 아래위로 움직여준다. 상승하고 강하할 때 조종간을 당기거나 밀지만 수평을 맞출 때도 조종간을 움직여 균형에 맞는 기수 각도를 찾는다. 속도, 고도, 엔진 추력에 따라 수평을 유지하는 각도가 달라지기 때문이다. 일정한 속도를 유지하고 안정을 찾으면 스태빌라이저 트림을 움직여 수평 꼬리날개의 각도를 맞춘다. 스태빌라이저 트림은 조종간이 아닌 휠(wheel) 모양의 핸들이나 조종간에 달린 전동 스위치로 조절한다. 수평 꼬리날개의 각도를 잘 맞추고 나면 엘리베이터를 움직이는 조종간에서 손을 떼어도 비행기가 균형을 잡고 안정된 기수각을 유지하며 비행을 한다. 정리하자면, 엘리베이터와 스태빌라이저 트림으로 꼬리날개의 받음각을 변화시켜 꼬리를 눌러주는 힘의 양을 조절하는 것이다.

잘 만든 종이비행기는 멀리 날아가고, 잘못 만든 종이비행기는 금방 추락한다. 우리가 타는 모든 비행기는 잘 만든 종이비행기처럼 속도만 있으면 균형을 잡고 날 수 있다. 속도가 떨어져 양력을 잃어버리면 기수가 저절로 아래로 떨어지면서 강하 자세가 되고. 강하를 하면서 속도를 얻어 다시 균형을 잡고 날 수 있다. 비행기의 무게중심이 앞쪽에 쏠려 있는 이유가 그

것 때문이다. 비행기가 실속(失速 : Stall)하면 저절로 복구될 수 있도록 비행 역학적으로 그렇게 설계한 것이다. 비행기를 원하는 대로 움직일 수 있도록 조종간이 달려 있지만, 조종사가 조종간을 놓는다고 비행기가 균형을 잃고 추락하지는 않는다. 말이 넘어지지 않고 달리듯, 자전거 바퀴가 쓰러지지 않고 구르듯, 비행기는 스스로 균형을 잡고 날 수 있도록 만들어졌다. 노련한 마부가 고삐를 느슨하게 잡듯이, 조종사도 조종간을 부드럽게 잡고 비행기가 잘 날도록 달래주면 된다.

비행기가 순항할 때 조종사는 무엇을 할까?

앞선 글처럼 순항 중에는 속도와 자세를 잘 맞추면 조종간을 크게 움직일 필요 없이 비행기는 안정되게 날아간다. 약간의 자세 수정만 가볍게 해주면 된다. 운송용 비행기는 대부분 자동조종 장치가 있으므로 조종사를 대신하여 자동조종 장치가 비행기 자세를 유지해준다. 아무래도 순항 중에 조종사의 업무 강도는 제일 낮지만 조종간을 움직이는 것만이 조종사가 하는 일의 전부는 아니다.

순항 중에 조종사가 무엇을 할지 한번 상상해보라. 아마도 상상한 것이 대체로 맞을 것이다. 목적지까지 가는 항로상에는 여러 개의 체크 지점이 줄지어 있고, 각 지점을 통과할 때마다 목적지까지 안전하게 비행하고 있는지 중간 점검을 한다. 길을 잃지 않고 정확히 지점들을 통과하도록 항법을 하고, 여러 기계와 장비들이 고장 없이 잘 작동하는지 살펴봐야 한다. 연료 소모를 모니터하고 관리하며, 관제 기관과 교신하며 관제사의 지시도 따른다.

또한 위험한 기상이 있는지 예측해 회피도 하고, 만약에 대비해 도중에 착륙할 수 있는 비상공항도 체크해두어야 한다. 비행기에 크고 작은 고장이 생기는 등 비정상 상황이 닥칠 수도 있다. 심각하지 않은 정도의 비정상 상황은 생각보다 자주 일어난다. 조종사는 그때그때 적절히 대처를 해야 한다. 아무리 작은 비정상 상황이라도 잘못 대처하면 상황이 크게 악화될 수도 있다.

비행기의 최고 속도와 최저 속도는?

'비행기 매뉴얼을 보면 기종마다 최고 속도, 최저 속도 다 써 있다. 매뉴얼에 제한사항(Limitation) 장을 찾아보면 Vmo, Mmo 등이 최고 속도이고, Vs, Vmc 등이 최저 속도다. 원하는 기종 검색해서 찾아봐. 됐지?'
라고 말하고 싶다…. 이걸 또 어떻게 설명해야 하나.

질문의 취지는 아마도 '쌩쌩 나는 비행기는 분명 무지하게 빠를 텐데 자동차랑 비교해서 얼마나 빠를까?', '비행기는 아무리 느려도 생각보다 꽤 빠르지 않을까?' 등등의 순수한(?) 호기심일 것 같다. 궁금증은 알겠는데, 비행기의 속도를 이해하려면 속도에 대한 개념을 조금 새롭게 잡아야 한다. 일단 도전. 큐!

· · ·

　비행기의 최고 속도는 비행기가 부서지기 직전의 속도이고, 최저 속도는 비행기가 떨어지기 직전의 속도라고 보면 된다. 부서지기 직전이란 공기의 저항으로 기체에 변형을 일으킬 정도의 하중이 걸리는 속도이고, 떨어지기 직전이란 날개 표면을 흐르는 바람이 느려져 더 이상 양력을 일으키지 못하는 속도, 즉 후드득 하고 추락하는 실속(失速) 속도이다. 안전을 위해 항상 이 두 가지 속도 사이에서 비행해야 한다.

　흔히 최저 속도를 경험하는 구간은 이륙할 때와 착륙할 때이다. 이륙할 때에는 속도를 쭉 밟아 최저 속도를 초과한 후에 떠오르는 것이고, 착륙할 때는 가능한 최저 속도에 가깝게 유지하다가 바퀴가 닿으면서 최저 속도 아래로 감속하는 것이다. 그러니 이착륙할 때가 가장 불안정한 비행 단계인 것이다.

최고 속도는 자동차처럼 엔진의 출력과도 연관이 있지만, 하늘이라는 3차원 공간에서 운동을 하다 보니 중력의 영향도 크게 받는다. 즉, 같은 추력으로 기수를 내리고 강하를 하면 속도가 빨라지는 것이다. 자동차가 내리막길을 달리는 것과 비슷한 이치인데, 하늘은 경사길도 아니고 땅을 향해 다이빙 자세로 강하하면서 추력까지 올리면 최고 속도를 훌쩍 넘어 비행기가 부서져버린다. 그래서 비상시 급강하를 할 때는 반드시 엔진 추력을 최소로 줄이고 기수를 수평선 아래로 낮추되, 기수각도를 조절하여 속도계의 레드라인을 넘지 않도록 해야 한다.

또한 비행 중에 최저 속도보다 느려지거나 최고 속도를 초과하면 항공기의 조종성이 급격히 나빠진다. 속도가 너무 느리면 날개와 조종면을 흐르는 바람이 느려져 조종간을 움직여도 비행기가 잘 반응하지 않는다. 날개와 조종면 아래위를 빳빳하게 받치며 흐르던 공기가 흐물흐물해지니 조타 효과가 그만큼 떨어지는 것이다. 반대로 너무 빠르면 흐르는 바람이 너무 세져서 조종면이 변형되거나 고장 나 아예 조타성을 잃을 수 있다. 조종면이 부서지지 않더라도 저속과 마찬가지로 비행기가 정상적으로 반응하지 않을 수 있는데, 날개와 조종면을 흐르는 공기가 너무 빳빳해져서 조종면을 움직였을 때 날개와 조종면이 동시에 휘어져 조타 효과가 오히려 떨어지는 것이다. 두 가지 조건 모두 조종성을 잃을 수 있어 매우 위험하다.

✈ 그러니까, 그 속도가 얼마냐고?

그래서 그 속도가 도대체 얼마냐고? 에고, 그건 비행기마다 다 다르다. 기억이 가물가물하지만 세스나 경비행기는 시속 80km만 되어도 뜨고, 공중에서 빨라 봐야 시속 300km 미만이었던 것 같다. 각자 구글로 찾아보도록. 그렇다면 여객기는? 최저 속도는 보통 시속 250km 정도이고 최고 속도는 시속 700km 혹은 마하 0.9 정도이다. 하지만 여기서 분명 누군가 반발할 거임.

"거짓말! 지난번에 비행기 탔는데 기당님이 시속 1,000km로 순항한댔쪄요!"

아 … 결국 글이 또 길어지네.

그것은 지구라는 공간 안에서 물체가 이동한 절대 거리를 따져서 계산한 '지상 이동 속도(Ground Speed)'이고, 내가 말한 것은 바람을 타는 '공기속도(Airspeed)'다. 날아갈 때 바람이 날개에 닿는 속도, 즉 바람이 내 얼굴을 때리는 속도이다. 비행기는 같은 공기속도를 유지하더라도 뒷바람이 불면, 혹은/그리고 공기 밀도가 낮으면(즉, 고도가 높으면) 실제 이동 속도가 **빨라진다**. '기당님' 말씀처럼 지상 속도가 1,000km까지 나오는 것은 뒷바람도 타고, 고도도 높기 때문이다. 배가 항해를 할 때도 해류의 방향과 세기에 따라 배가 물살을 가르는 속도와 실제 이동 속도는 달라지는데, 비행기도 똑같다고 보면 된다.

특히, 중위도 지역에 존재하는 제트기류는 심하면 시속 400km가 넘게 분다. 무려 초당 100m가 넘으니 태풍보다 훨씬 세다. 이런 기류를 타면 비행기의 실제 이동 속도는 계기에 표시되는 공기속도와 크게 차이가 난다. 시속 600km로 나는 비행기가 이런 제트기류를 앞바람으로 만나면 지상 이동 속도는 시속 200km에 불과할 것이고, 뒷바람으로 만나면 무려 시속 1,000km가 된다. 고도까지 높으면 이동 속도는 더 빨라지는데, 나도 비행할 때 "시속 1,200km로 순항하고 있습니다"라고 방송한 적이 꽤 있다. 지상에서의 속도 개념에 익숙한 사람들이 이해하기 편하도록 방송하는 것이다.

비행기의 최고 속도와 최저 속도는 모두 '공기속도'를 사용한다. 비행기가 실제로 이동한 거리보다 바람과 직접 부딪힐

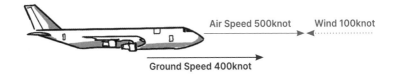

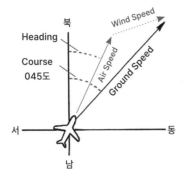

< 045도 경로로 비행 중 좌측배풍이 불 때>

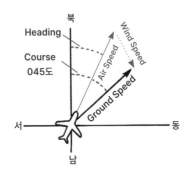

<045도 경로로 비행 중 좌측정풍이 불 때>

때 일어나는 물리 현상이 비행 특성에 큰 영향을 주기 때문이다. 따라서 비행기를 조종할 때 속도를 조절하는 것은 바로 이 공기속도를 맞추는 것이고, 비행기 계기판에도 여러 가지 속도 중에 공기속도를 가장 크고 중요하게 표시한다. 이건 별로 어렵지 않으니 여기까지만.

사실 공기속도의 종류에도 여러 가지가 있다. 그 중 대표적인 두 가지가 '계기 공기속도(Indicated Airspeed)'와 '참 공기속도(True Airspeed)'다. 계기 공기속도는 앞서 말한 것과 같이 바람이 직접 비행기를 때리는 속도이고, 참 공기속도는 공기 중에 실제로 비행기가 이동하는 속도이다. 참 공기속도는 기압이 낮을수록 빨라지는데, 고고도에 올라갈수록 단위 면적당 공기 밀도가 적어지는 것을 보정한 값이다. 따라서 10,000m 이상 고고도에 올라가면 계기에 나타나는 속도가 시속 500km에 불과해도 참 공기속도는 시속 800~900km에 달하게 된다. 이 속도도 지상 이동 속도와 마찬가지로 직접 비행기에 물리적 영향을 주는 속도가 아니므로 속도 제한과는 상관이 없다. 이거 점점 머리 아파지니까 속도의 종류는 여기까지만. 어쨌든 진정한 의미의 최고 속도, 최저 속도는 '계기 공기속도'와 '마하 속도'만 따지면 된다. 아… 마하 속도는 또 뭐냐고?

음속이 느려지는 고고도에서는 자칫 음속을 돌파할 수도

고고도로 올라갈수록 공기가 매우 희박한데, 그 희박한 공기가 최고 속도로 비행기를 때리려면 실제 이동 속도는 도대체 얼마나 빨라지겠나? 이렇게 빨리 날아도 되는 거야?

그런데 여기서 한 가지 짚고 넘어가자. 고고도로 올라갈수록 조금씩 음속이 느려지는데, 너무 빨라지면 자칫 음속을 돌파해버릴 수 있다. 지상 가까이에서는 최고 속도로 날아도 도저히 음속을 넘지 못하는데, 고고도에서는 최고 속도에 다다르기 전에 먼저 음속을 돌파할 수 있다. 그래서 비행기는 9,000m 정도 이상의 고고도로 올라가면 공기속도 대신 마하 속도로 최고 속도를 제한한다. 보통 속도계에 마하 0.87~0.90을 넘지 않도록 하여 기체의 어느 부분도 음속을 돌파하지 않도록 한다. 왜냐하면 최고 속도를 정하는 이유가 비행기에 무리를 주지 않기 위해서인데, 음속을 돌파할 때 생기는 소닉붐(Sonic Boom)이 기체에 충격을 주고 엄청난 연료 소비를 유발하기 때문이다. 고고도에서 마하 속도로 최고 속도를 유지하면, 공기속도로는 보통 시속 550~600km를 넘지 않는다.

소닉붐(Sonic Boom)이란, 물체가 음속을 돌파할 때 강한 에너지를 발생시키며 분출하는 폭발음이다. 참고로 지상에서는 음속이 공기속도로 대략 초속 340m, 시속으로 하면 1,225km 정도지만, 고고도에서는 이보다 느리다. 간단한 음속 공식은 $V(m/s) = 331.5 + 0.6t$ (t=섭씨온도)이고, 기온이 낮아질수록 음속도 느려진다. 고도가 높아질수록 온도가 내려가니 고고도에서는 지상보다 느린 공기속도에서 음속을 돌파할 수 있는 것이다. 고도가 1,000m 높아질 때마다 기온은 대략 섭씨 6도씩 떨어지니 더 계산하고 싶은 사람은 각자 해보라. 이만하면 진짜 됐지?

이륙할 때 지상 활주 속도는?

비행기가 바람을 타고 공중에 뜰 수 있는 속도가 될 때까지 활주로를 달리며 가속을 한다. 앞의 글에서 말한 것처럼 최저 속도를 넘어 비행기가 겨우 날 수 있는 속도에 이를 때까지 활주를 하는 것이다. 부양 속도에 다다르면 기수를 들어 날개의 받음각을 높인다. 받음각이 커지면 날개가 바람과 정면으로 만나는 면이 넓어지면서 날개가 바람 위에 올라타게 되고, 기체가 공중에 붕 뜨게 된다.

부양 속도는 비행기마다 다르다. 같은 비행기라도 무게와 풍속, 기압에 따라 조금씩 다르다. 사람들이 주로 타는 제트 여객기는 시속 250~300km 정도에서 뜨게 된다.

비행기도 야간에 쌍라이트를 켤까?

쌍라이트가 뭐야 격 떨어지게. 상향 전조등이란 좋은 말 있잖아. 영어로 하면 하이빔. 똑같지는 않지만 비행기에도 쌍라이트와 비슷한 것이 있다. 그럼 어디 한번 비행기의 외부 조명에 대해 이야기해볼까? 쌍라이트 켜고, 큐!

· · ·

✈ 비행기의 헤드라이트

비행기의 헤드라이트라 하면, 택시 라이트(Taxi Light)와 랜딩 라이트(Landing Light)를 꼽을 수 있다. 택시 라이트는 말 그대로 지상에서 택시(지상활주)할 때 쓰는 라이트이고, 주로 노즈 랜딩 기어(앞바퀴)에 달려 있다. 자동차로 치면 하향 전조등이다. 지상에서 이동하면서 다른 비행기에게 방해가 되지 않도록 유도로를 향해 아래로 빛을 밝힌다. 이륙하면 랜딩기어를 모두 접어 넣으니 공중에서는 쓰지 못한다.

반면 랜딩 라이트는 자동차의 상향 전조등과 같다. 이착륙할 때 거의 수평으로 빛을 훤히 밝혀주는데, 특히 착륙할 때는 활주로를 밝게 비추어 조종사가 착륙 조작을 하는 데 도움을 준다.

랜딩 라이트는 택시 라이트와 마찬가지로 노즈 랜딩기어에 달려 있거나, 노즈 랜딩기어와 양쪽 날개에 각각 하나씩 달려 있다. 대부분의 대형 운송용 항공기는 양쪽 날개 어깨 쪽에 랜딩 라이트가 있어 랜딩기어를 올린 후 공중에서도 사용할 수 있다.

헤드라이트라고 할 수는 없지만 지상에서 회전할 때 좌우 옆을 비추는 턴오프 라이트(Turn-off Light)도 있다. 택시 라이트처럼 노즈 랜딩기어에 달려 있는 기종도 있고, 동체 좌우측이나 랜딩 라이트처럼 날개에 달려 있는 기종도 있다. 비행기가 클수록, 공항이 어두울수록 이 라이트가 유용하게 쓰인다. 택시 라이트와 마찬가지로 지상에서 사용하므로 하향으로 빛을 비춘다.

랜딩 라이트는 택시 라이트나 턴오프 라이트보다 더 밝다. 비행기에서 가장 센 라이트다. 그러니까 랜딩 라이트가 바로 쌍라이트다. 너무 밝아 활주로를 빠져나오면 이 라이트는 꺼버린다. 그러지 않으면 지상에 있는 다른 비행기나 사람들에게 방해가 될 수 있기 때문이다. 오래전 중국에서 조종사가 실수로 게이트에서 랜딩 라이트를 켜버렸는데, 하필 정비사가 라이트

랜딩 라이트
(Landing Lights)

택시 라이트
(Taxi Lights)

턴오프 라이트
(Turn-off Lights)

앞에 서 있다가 시력을 크게 다쳤다고 한다. 그 후로 중국에서는 주기장에서 라이트를 다룰 때 조종사와 부조종사가 스위치를 상호 확인하는 절차를 만들었다.

📡 공중에서도 쌍라이트를 켤 일이 있을까?

쌍라이트가 워낙 강력하다 보니 공중에서도 유용할 때가 있다. 보통 10,000피트(3,000미터) 이하에서는 랜딩 라이트를 켜고 비행하는데 앞을 잘 보려고 켜는 것은 아니고 다른 이유가 있다. 사실 공중에서는 전방에 비치는 사물이 없으니 라이트를 켜도 딱히 보이는 것이 없다. 허공에 플래시 라이트를 비추는 것과 마찬가지다. 그런데도 저고도에서 랜딩 라이트를 켜 두는 이유는 첫째, 비행기들이 서로 쉽게 식별해 충돌하지 않도록 조심하자는 것이고, 둘째는 날아다니는 새들이 놀라 도망가라는 뜻이다. 새들과 부딪히면 자칫 비행기가 고장 날 수 있기 때문이다.

랜딩기어를 모두 내린 이착륙 단계에서는 용도와 관계없이 모든 외부 라이트를 다 켠다. 공항 주변에는 새들이 많이 서식하는데, 쌍라이트뿐만 아니라 라이트란 라이트는 모두 켜서 겁을 주는 것이다. 물론 새뿐만 아니라 다른 비행기들에게도 경고를 주는 의미가 있다. 이착륙은 가장 위험한 비행 단계이기 때문이다.

✈️ 라떼는 비행 중에 쌍라이트를 켜는 것이 낭만이었다?

10,000피트를 넘어 높은 고도에 올라가면 랜딩 라이트도 꺼 버린다. 더 이상 새들도 없고 허공에 비출 것이 없으니 켜 둘 이유가 없다. 하지만 달빛도 없는 칠흑 같은 밤에는 구름을 확인하기 위해 가끔 랜딩 라이트를 켜보기도 한다. 라이트를 켰을 때 허공에 랜턴을 비춘 것과 같으면 구름이 없는 것이고, 뿌연 안개가 보이면 주변에 구름이 있다는 뜻이다. 그러나 이것은 내가 구름 속 또는 구름 밖에 있는지 구별하는 정도로만 쓸 수 있고, 멀리 있는 구름을 비추어 회피할 수 있는 정도는 아니다. 라이트가 아무리 세도 그렇게까지 멀리 가지 못한다.

예전에는 항로에서 마주 오는 비행기를 발견하면 상대를 향해 랜딩 라이트를 켜곤 했다. 한쪽 비행기가 먼저 켜면 다른 쪽 비행기도 대답하듯 켜 보였다. 이렇게 사인을 주고받은 뒤 라이트를 다시 껐다. 원래는 비행기가 가까워지고 있으니 서로 주의하자는 뜻이지만 드넓은 하늘에서 만나 반갑게 인사하는

의미도 있었다. 하지만 항로에 비행기가 워낙 많고 기술 발전
으로 내비게이션 화면에 주변의 비행기가 모두 보이다 보니 이
런 낭만도 거의 없어졌다. 이제는 나도 괜한 오해를 살까 봐 쌍
라이트를 잘 켜지 않는다. 쌍라이트 켰다가 상대가 화나서 쫓
아오면 어떡하나.

🔍 야간에만 켜는 라이트가 있다고?

비행기 외부 조명은 비행 단계에 맞게 주간, 야간 상관없이
사용한다. 법적으로 주간에도 꼭 모든 라이트를 켜야 하는 것
은 아니다. 하지만 모든 항공사는 주야간 구분 없이 똑같이 라
이트를 켜도록 절차를 갖추고 있다. 그러니까 비행기 라이트는
단지 조종사 시야를 밝히기 위해서만 있는 것이 아니고 주변에
경고를 주거나 항공기 상태를 표시하는 목적으로도 사용하는
것이다. 우리나라에도 주간에 자동차 라이트를 켜는 운전자들
이 많다. 미국의 일부 주에는 이것을 법으로 강제하는 곳도 있
다. 주간에 라이트를 켜면 교통사고를 줄이는 데 효과가 있다
고 한다.

그런데 비행기에는 야간에만 사용하는 라이트가 하나 있다.
바로 수직 꼬리날개를 비추는 '로고 라이트(Logo Light)'다. 이 라

이트가 꼬리날개에 있는 회사 로고를 비추어 지상에서 어느 항공사 비행기인지 식별할 수 있고, 덤으로 회사 홍보도 된다. 비행에 직접 사용하는 조명이 아니다 보니 주간에는 지상에서도 켤 필요가 없고, 공중에서는 잘 보이지도 않으니 주야간 모두 쓸 필요가 없다. 그렇다 보니 항공기 제작사에서 이륙하면 자동으로 꺼지는 옵션을 제공하기도 한다.

하지만 우리나라의 항공사들은 지상이건 공중이건 야간에는 항상 로고 라이트를 켜 둔다. 70~80년대 냉전 시대에 소련 요격기에게 두 번씩이나 미사일 격추를 당한 트라우마가 있다 보니 민간 항공기임을 환하게 밝히는 로고 라이트를 절대 끄지 않는다고 한다. 근거가 명확한 것은 아니고 그냥 내려오는 '썰'이다.

✈ 충돌 방지등, 알고 보면 쌍라이트보다 더 강렬하다

앞을 비추는 것이 아니라 오직 경고의 목적으로 밝히는 경고등도 있다. 바로 충돌 방지등이다. 대형 비행기에는 두 가지 충돌 방지등이 있다. 비콘 라이트(Beacon Light)와 스트로브 라이트(Strobe Light)다. 둘 다 켜 두면 번쩍번쩍하며 분당 40회에서 100회의 속도로 강하게 점멸한다. 특히 스트로브 라이트는 순간

조도만 따지면 비행기에서 가장 밝다.

비콘 라이트는 동체의 아래와 위 두 군데에 있다. 얼핏 보면 붉은색으로 점멸하는 듯 보이지만 자세히 보면 경찰차 경광등처럼 라이트 안에서 뭔가 빙글빙글 돌면서 불빛을 번쩍인다. 지상에서 이 불이 점멸하기 시작하면 비행기가 곧 움직이거나 엔진 시동을 걸 것이라는 의미다. 이 등은 지상이든 공중이든 운항 중에는 항상 켜 둔다.

스트로브 라이트는 양쪽 날개 끝에 있다. 흰 불빛으로 매우 강하게 점멸한다. 워낙 자극적이다 보니 공중에서만 사용한다. 이륙할 때 활주로에 들어서면서 켜고, 착륙 후 활주로에서 빠져나오면 꺼버린다. 야간에 공중에서 외부를 감시할 때 반짝이는 별빛처럼 가장 먼저 눈에 띄는 것이 바로 스트로브 라이트다. 일반적으로 말하자면 비콘 라이트는 지상에서, 스트로브 라이트는 공중에서 더 유용하다.

공중에서만 사용하는 랜딩 라이트와 스트로브 라이트를 지상에서도 가차 없이 켜는 상황이 하나 있다. 바로 활주로를 횡단할 때다. 활주로는 비행기가 고속으로 이착륙 하는 곳이므로 조심해서 건너야 한다. 따라서 공항의 지상 관제사가 횡단을 허가했을 때, 가장 강렬한 이 두 라이트를 모두 켜고 활주로를 건넌다. 쉽게 말해서 파란불이 켜졌어도 유치원생처럼 손을 번쩍 들고 횡단보도를 건너는 것이다.

 ## 좌익과 우익이 균형을 이루어야 한다?

비행기에는 양쪽 날개 끝과 꼬리 끝에 '항법등(Navigation Light)'이 있다. 다른 말로는 포지션 라이트(Position Light)라고도 한다. 이 라이트는 주야간 상관없이 언제나 켜 둔다. 심지어 주기 중에도 켜 둔다. 양 날개와 꼬리, 즉 비행기의 맨 끝단에 불을 켜 둠으로써 어두운 주기장에서도 비행기 말단의 위치를 알수 있다.

항법등은 원래 선박에서 사용하는 것을 비행기에 도입한 것이다. 이 라이트는 비행기가 서로 바라보았을 때 상대방의 위치뿐만 아니라 이동하는 방향까지 알 수 있게 한다. 날개의 왼쪽에는 붉은색, 오른쪽에는 녹색, 꼬리에는 흰색 불을 밝히는데, 다른 색의 불빛들이 각각 어느 쪽에 있는지 보고 비행기의 움직임을 추측할 수 있다.

예를 들어 녹색 라이트만 보이면 비행기가 왼쪽에서 오른쪽으로 날아가는 것이고, 붉은색 라이트만 보이면 반대 방향으로 날고 있다는 뜻이다. 비행기 오른쪽에 녹색, 왼쪽에 붉은색 불이 보이면 같은 방향으로 날고 있는 것이고, 반대로 오른쪽에 붉은색, 왼쪽에 녹색 불이 보이면 서로 마주 보며 다가오고 있다는 것을 알 수 있다.

배도 그렇지만 비행기도 우측이 우선권을 갖는다. 따라서 왼쪽에 있는 비행기가 양보를 하고 피해야 한다. 두 비행기가 정면으로 만나게 되면 서로 오른쪽으로 피해야 한다. 이 경우 서로의 불빛을 보고 누구에게 우선권이 있는지, 어느 쪽으로 피해야 하는지 구별하게 된다. 철저하게 관제하는 여객기를 타면 이렇게 서로 양보하고 피할 일이 거의 없지만 시계 비행을 하는 경비행기는 이런 식으로 상대 비행기와의 충돌을 피한다.

이상 비행기 외부 라이트들을 대부분 설명했다. 그 밖에 날개 표면을 비추는 윙 라이트(Wing Light) 등 몇 가지 더 있지만 이만 패스. 아, 그리고 자동차에 있는 깜빡이나 정지등은 비행기에는 없다. 있으면 좋을 것 같은데 아쉽다. 조명은 아니지만, 자동차의 사이드미러도 좀 부럽다.

기본적으로 제트기 연비는 자동차보다 훨씬 나쁘다! 활활 태우고 다닌다. 제트유가 휘발유보다 조금 싸긴 하지만 기름을 워낙 많이 쓰다 보니 기름값이 항공사 원가에 차지하는 비중이 아주 높다.

연비를 결정하는 요소는 자동차와 별 차이가 없다. 비행기와 엔진을 만드는 기술과 비행기 무게가 많이 작용을 하겠고, 하늘을 날다 보니 고도와 바람에 따라 연비가 달라질 수 있다. 엔지니어가 아니라서 정확한 답을 줄 수는 없고, 조종사가 연료 관리를 하는 방식으로 아주 대략적인 계산만 한번 해보겠다. 큐!

• • •

비행기에서 연료 소모량은 킬로그램(kg)이나 파운드(lb)와 같은 질량 단위로 계산한다. 어차피 연료의 무게를 알아야 비행 성능을 계산할 수 있으니 연료량도 그렇게 사용한다. 하지만 급유를 할 때는 부피 단위인 리터(L)나 갤런(gal)도 알아야 한다. 탱크 용량도 부피이고, 주유소도 무게가 아닌 양으로 기름을 팔기 때문이다. 부피를 질량으로 변환하려면 밀도를 알아야 하는데, 대략 리터당 0.8kg 정도로 계산하면 크게 틀리지 않는다. 온도와 기압에 따라 밀도가 달라지는데, 정확한 밀도는 급유를 할 때마다 주유소에서 알려준다.

정리가 잘 안 되는데, 일단 B787 항공기를 예로 간단하게 설명해보겠다. B787은 1시간에 대략 5,000kg의 연료를 쓴다. 당연히 무게와 기압에 따라 소모량이 다르고, 특히 이륙, 상승할 때 연료 소모가 더 크지만, 전체 비행을 놓고 보면 이렇게 계산해도 큰 지장이 없다(딴지 사절).

✈ B787이 제주까지 연료비 800만원!

서울에서 제주까지 한 시간이 걸리니 5,000kg, 일본 동경까지는 대략 두 시간으로 쳐서 10,000kg, 미국 뉴욕까지는 13시간이라 치고 65,000kg으로 계산하겠다. 표준대기(해수면에서 영상 15도)에 제트유의 밀도가 리터당 0.8kg 정도이므로 제주까지는 6,250리터, 동경은 12,500리터, 뉴욕은 81,250리터가 소모된다. 요새 제트유 가격이 정확히 얼마인지 모르겠지만 대충 리터당 1,300원으로 계산하면, 연료비는 제주까지 대략 800만 원, 동경까지는 약 1,600만 원, 뉴욕까지는 약 1억 500만 원이 든다.

그래서 리터당 몇 킬로 가냐고? 굳이 자동차랑 비교해보시겠다? 좋다. 항공사에서 적립해주는 마일리지가 대충 그 구간의 직선거리인데, 마일리지 표에 따라 서울에서 제주까지 직선거리를 550km라고 치고 이를 소요 연료량 6,250리터로 나눠주면 연비는 대략 리터당 0.09km라고 할 수 있다. 하지만 실제 비행은 항로도 막히고 입출항 절차가 복잡해서 직선거리보다 먼 700km 정도의 거리를 날아간다고 봐야 한다. 그렇게 계산하면 리터당 0.11km 정도가 된다. 뉴욕까지는 적립 마일리지가 대략 14,000km이고, 입출항 구간을 더하면 14,200km 정도이니 리터당 0.17km (0.17 = 14,200km ÷ 81,250L)가 나온다.

 ## 비행기 연비는 시간으로 계산하는 것이 좋아

앞선 예는 너무 단순화시킨 감이 있지만, 어쨌든 결과를 보면 단거리 비행과 장거리 비행의 연비 차가 꽤 나는 것을 알 수 있다. 그 차이는 주파하는 거리에서 나타난다. 제주까지 한 시간에 700km를 날아갔으면, 13시간 동안 비행한 뉴욕까지의 거리는 700 x 13 = 9,100km가 되어야 하는데 실제 뉴욕까지는 직선거리로만 14,000km나 된다. 자동차가 시내 주행보다 고속도로 주행 구간이 길수록 연비가 좋아지듯 비행기도 입출항과 상승 구간에 비해 순항 구간이 길면 전체적인 연비가 좋아진다. 고고도에서 지상 속도가 더 빠른 데다 뒷바람까지 받으면 시간당 주파하는 거리가 더 길어지기 때문이다.

이쯤 되면 눈치를 챘겠지만, 비행기 연비를 비교할 때 지리적 거리를 따지는 것은 별 의미가 없다. 비행기가 공중에 떠 있는 시간으로 따지는 것이 더 유용하다. 서울에서 뉴욕까지 13시간이 걸렸지만, 반대로 뉴욕에서 서울로 돌아올 때는 같은 거리임에도 불구하고 편서풍의 영향으로 15시간 정도가 걸릴 것이다. 갈 때 리터당 0.17km이었던 연비가 돌아올 때는 0.15km가 되는 것이다. 자동차가 갈 때 내리막길이고 돌아올 때 오르막길인 경우와 비교하여 비슷한 현상으로 이해할 수도 있지만, 자동차는 갈 때와 올 때 비슷한 시간이 걸리는 반면 비행기는 같은 거리라도 비행 시간이 달라진다.

비행기의 연비는 바람과 고도(공기밀도)에 무엇보다 큰 영향을 받으므로, 주파한 거리보다 비행 시간에 더 일정한 소모율을 나타낸다. 따라서 연료 관리를 위해서는 거리보다는 시간으로 연비를 따지는 것이 더 타당하다.

chapter. 3

잡스럽지만 왠지 궁금한

비행기 세상

승무원들은 국제선 비행 가서 체류할 때 뭘 할까?

이 질문도 참 많이 받는다. 근데 내가 어떻게 알아? 개인 사생활인데 다 다르겠지. 하지만 그게 왜 궁금한지 이해가 간다. 보통 여행이나 출장이라면 그곳에 가는 분명한 목적이 있고 그곳에서 할 일이 있다. 그런데 오직 '비행기 승무'만을 위해 밥 먹듯이 외국에 가는 승무원들은 도대체 해외에서 체류하는 동안 뭘 하는지 궁금할 수 있다. 호텔에서 비행 업무를 하는 건 아닐 테고, 뭐 따로 워크숍을 하는지, 극기 훈련을 하는지, 아니면 혹시 완전 휴일? 그럼 대박인데.

물론 일을 하지는 않는다. 하지만 일요일 같은 휴일도 아니다. 돌아오는 다음 비행을 위한 휴식(Rest)의 개념으로 보면 된다. 사실 나도 휴식과 휴일이 뭐가 다른지 구분이 잘 안 간다. 어쨌든 질문에 대답을 하자면, 물론 내가 어떻게 시간을 보내는지는 안물안궁이겠지만 이 질문에는 개인적인 대답을 할 수밖에 없다.

"저의 경우, 혼자만의 시간을 즐깁니다. 혼자 있는 시간이 때로는 위로가 되고 휴식이 됩니다."

그렇다. 혼자 사는 사람이 아니라면 며칠씩 온전히 혼자만의 시간을 갖는 것이 흔한 일이 아니다. 보통 사람은 혼자서 여행이라도 떠나려면 단단히 작정을 해야 한다. 먹고살다 보니 그렇다. 그런데 승무원은 내내 해외여행을 하는 직업이다 보니 작정하지 않아도 어쩔 수 없이 그렇게 해야 한다. 이것이 행복인지 불행인지는 사람마다 다르겠지만 나에게는 이 두 가지가 모두 있는 것 같다. 이 이야기는 나중에 다시 하고, 우선 승무원 해외 체류에 대해 이야기해보겠다. 큐!

•　•　•

　　우선 국제선 비행의 경우 체류 시간은 24시간에서 48시간
이 보통이다. 더 짧거나 길 때도 있지만 자주 있는 경우는 아
니다. 외국에 도착하면 다음 비행 편이 올 때까지 휴식을 취하
다가 귀국 편에 승무를 한다. 인바운드(Inbound), 아웃바운드
(Outbound) 승무원들이 서로 교대를 하는 것이다. 따라서 매일
비행 편이 있으면 24시간, 주 3~4회 운항하면 24시간 또는 48
시간이 체류 시간이 된다.

✈ 랜딩 비어

　　외국에 도착하면 입국 수속을 밟고 체류 호텔로 이동한다. 보
통은 지친 몸을 이끌고 바로 침대로 돌격하는 것이 정상이지만

일부 승무원들은 도착하자마자 펍(Pub)으로 달려가 이른바 랜딩 비어(Landing Beer)를 즐기기도 한다. 일단 맥주 한잔을 마시면서 비행 중 있었던 일들을 이야기하다 보면 피로도 풀리고 잠도 잘 잘 수 있다. 위스키도 아니고 오사케도 아닌 맥주를 마시는 이유는 일단 시원하기 때문이지만 사실 다른 의미도 있다.

중동 이슬람 국가를 제외하면 전 세계에 로컬 맥주가 없는 나라는 없다. 우리나라에서도 여러 나라 맥주들을 쉽게 살 수 있지만 그 나라에서 직접 마시는 로컬 맥주와는 맛에 차이가 있다. 신선함 때문일 수도 있고, 함께 먹는 로컬 안주와의 궁합 때문일 수도 있다. 그러다 보니 암스테르담에서는 하이네켄을, 방콕에서는 싱거를, 미국에서는 쿠어즈를 마시게 된다.

맥주의 온도도 다르다. 독일이나 체코 맥주는 너무 차게 마시면 맛이 없다. 미국 맥주는 얼기 직전까지 차갑게 냉장해야 맛있다. 태국에서는 맥주에 얼음을 넣어 온더락(On the Rock)으로 마신다. 저마다 독특한 스타일의 맥주를 쭉 들이켜면 비로소 '아, 내가 이 나라에 왔구나'라고 느끼게 된다.

세상에 피곤한 사람들이 많고 많지만 승무원들의 피로도 만만치 않다. 보통 사람들도 어쩌다 한 번 장거리 비행을 하면 녹초가 되지 않는가? 승무원들은 그런 비행을 1년 내내 하기 때문에 휴식 시간 동안 그때그때 피로를 풀어주지 못하면 건강을 해칠 수 있다. 무엇보다 잠 잘 자는 것이 가장 중요하다. 하지만 밤샘 비행으로 이미 리듬이 깨진 상태에서 시차까지 크면 그것이 쉽지 않다. 그래서 나도 항상 랜딩 비어로 숙면을 유도하고, 잠을 잘 잔 후에는 호텔 짐(Gym)에서 땀 흘려 운동을 해 컨디션을 끌어올린다.

 해외 체류도 라이프 사이클이 있다?

젊은 승무원들은 해외 체류를 꽤나 알차게 보낸다. 나도 젊을 때는 그랬다. 그들은 마음에 맞는 동료끼리 관광지를 다니고, 저녁에는 파티도 즐긴다. 가는 곳마다 신기하고 먹는 곳마다 맛집이다. 어디에 가면 무엇을 할지 투두(To Do) 리스트가 꽉 차 있고, 단톡방에는 정보가 넘쳐난다. 얼마나 신나겠나? 이런 라이프가 신입 승무원들의 로망 아니겠나. 이 시절에는 아쉬움이 있다면 '여기 하루만 더 있었으면….', '엄마, 가족, 친구랑 왔으면….' 정도가 되겠다.

하지만 몇 년이 지나면 좀 달라진다. 가볼 만한 도시는 이미 몇 번씩 다 다녀왔고, 볼 것 다 봤다고 생각이 들면 좀 더 원래 자신의 생활에 집중하게 된다. 해외와 국내로 완전히 구분되어 있던 생활이 점점 하나로 합체되기 시작한다. 취미 생활을 해외로 넓힌다거나, 현지 친구를 사귄다거나, 집에서 할 일을 외국까지 가져와서 한다거나 하는 것 등이다.

사실 이게 나쁘지 않다. 승무원 생활의 이점이라고 말할 수 있다. 세상에 관심거리는 백만 가지이다. 골프, 등산, 트래킹, 뮤지컬, 미술, 음악, 역사, 음식 등은 특히 해외에서 즐기기 좋은 장르다. 무엇이든 한 가지에 진심이라면 이제는 해외에서도 그것을 즐기기 시작한다. 나는 취미로 기타를 연주하는데, 전 세계 도시의 클럽과 공연장으로 연주를 보러 다녔고 악기점과 악기 공방을 찾아다니며 사람들과 사귀었다. 현지화를 즐기는 사람들은 아마도 여행 마니아일 것이다. 현지에서 사귄 친구들과 함께 시간을 보내면 관광객들이 보고 느낄 수 없는 진짜 문화와 감성을 이해하게 되는 것은 당연하다. 집에서 하던 일을 가져오는 것도 나쁘지 않다. 대학원 공부일 수도 있고, 개인적인 공부나 독서일 수도 있다. 노트북 하나 갖고 혼자 호텔방이나 공원, 도서관, 카페에 앉아 일하면 분위기도 새롭고 집중도 잘된다.

좀 더 시간이 지나면 또 달라진다. 해외와 국내 생활의 구분이 거의 없어진다. 내 경우는 한 20년 정도 지나니 달라졌다는 걸 느꼈다. 집에서 하던 홈트를 호텔방에서도 하고, 좋아하는 드라마를 아이패드로 이어 보며, 한국 음식점을 찾아다니고 한국 시차에 맞춰 잠을 잔다. 끼니때마다 아내와 통화하면서 애들은 잘 있는지, 밥은 뭘 먹었는지, 오늘은 뭐할 건지 잡담을 하고, 아내가 시장에 가서 사 오라는 품목을 받아 적는다. 해외에 머무는 시간이 더 이상 특별할 것이 없고, 내 생활의 루틴과 리듬을 지키지 않으면 일찍 죽을 것 같아 두려워진다. '그래도 파리에 왔으면 오랜만에 에펠탑은 봐야지' 하고 야심차게 지하철을 타고 시내에 나가기도 하는데, 진짜 에펠탑만 보고 커피 한잔 마시고 돌아온다. 하루에 두 군데는 못 간다.

더 시간이 지나면 어떻게 될까? 아예 호텔방에 방콕? 그건 아닌 것 같다. 아직 나도 확실하진 않은데, 내 나이에 서서히 시작인 것 같아 감히 말한다. 한 25년이 넘으니 오히려 조금씩 돌아다니고 싶어졌다. 시들해진 호기심이 다시 발동한 것이 아니다. 전에 내가 자주 갔던 곳, 감동과 감격을 주었던 곳, 뜻깊은 추억이 있는 곳, 가슴 설레면서 '다음에 꼭 다시 와야지. 내가 승무원이라서 정말 다행이다, 언제든 또 올 수 있으니까!'라고 생각한 곳들을 오랜만에 다시 찾는다. 이제는 정말 다시 오지 못할 것 같아서 말이다. 그곳에서 작별 인사를 하다 보면 신기하게도 이별의 아쉬움과 첫 만남의 기쁨을 고스란히 함께 느낄 수 있다. 마치 내 수첩에 데칼코마니를 접는 것처럼.

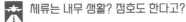

체류는 내무 생활? 점호도 한다고?

예전에는 승무원 체류를 군대 내무 생활에 비교했다. 물론 라떼는 이야기다. 지금은 다 없어졌다고 믿는다. 부기장이 기장의 식사를 챙기고, 객실승무원은 사무장의 식사를 챙겼다. 나는 가보고 싶은 곳도 많고 해보고 싶은 것도 너무너무 많은데 기장이 '산책 가자' 하면 두세 시간 동안 호텔 주변을 따라다니면서 말동무가 되어야 했고, '술 마시자' 하면 술친구가 되어야 했다. 그 와중에도 기회를 노리다 번개같이 가고 싶은 곳에 다녀오기도 했다. 몰래 나갔다가 야단맞은 적도 있고.

물론 지금은 자유로운 분위기다. 그래도 어느 정도 매너와 규율은 있어야 한다. 체류 안전을 위해서다. 함께 식사하지 않더라도 호텔에서 제공하는 아침 식사 시간에는 얼굴이라도 비추어야 서로 잘 지내고 있는지 알 수 있다. 외출할 때는 동료나 상사에게 행선지를 말하는 것이 기본이다. 중국 항공사의 승무원들은 더욱 엄격한 내무 생활을 한다. 내가 일하던 중국 하이난항공에서는 단체로 같이 식사하고, 관광도 쇼핑도 함께 했다. 또 저녁 8~9시에는 자기 위치를 알리는 메시지를 객실 매니저에게 보내야 했다. 일종의 점호 같은 것이었다. 사회주의 체제에 살다 보니 서로 감시하는 것에 익숙하고, 인권에 대한 감성이 조금 다른 것 같다. 그들끼리는 이런 문화에 대해 거부감이 전혀 없다. 외국인들은 간혹 불편해하기도, 신기해하기도 하는데, 나는 기장으로 일하다 보니 강압적인 느낌은 거의 없었다. 아마도 열외였던 것 같다.

어떤 승무원은 무엇을 하던 동료들과 함께 시간을 보내고 싶어 하고, 어떤 승무원은 체류할 때 간섭받는 것을 업무의 연장으로 느껴 아주 싫어한다. 대부분은 이 둘 사이의 어느 정도일텐데, 승무원 일이라는 것이 단체로 움직이는 일이고 인간이 사회적 동물이다 보니 이 부분은 어떻게든 서로 타협이 필요하다. 나는 일단 개인의 사생활과 자유를 조금 더 우선시한다.

📍 어쩔 수 없는 혼자만의 시간

해외에 체류하는 동안 '혼자만의 시간을 즐긴다'고 했다. 실제로 그 시간이 내게는 위로도 되고 휴식이 되는 것은 사실이다. 하지만 그 시간은 내가 갖고 싶을 때 선택할 수 있는 것이 아니다. 어쩔 수 없이 혼자만의 시간을 가져야 하기 때문에 기왕이면 즐겨야 한다. 그러므로 승무원으로서 이 시간을 알차게 이용하기 위해서는 나름의 기술과 노하우가 필요하다고 할 수 있다.

혼자만의 시간을 많이 가지면 자신에게 더 집중할 수 있다. 젊을 때는 잠시나마 육아에서 해방될 수도 있고, 가끔은 골치 아픈 일에서 벗어나기도 한다. 반복적으로 가족과 떨어져 있는 시간을 가짐으로써 가정이 오히려 더 화목할 수 있다고 주장하는 사람도 있다. 하지만 너무 많은 시간을 사랑하는 사람과 떨어져 있어야 하고, 따라서 그들에게 소홀할 수밖에 없다는 사실은 무슨 이유를 대더라도 반박이 어렵다.

미국에서는 조종사들의 이혼율이 높고 알코올 중독 비율도 높다고 한다. 비단 미국만의 일이 아닐 수 있다. 혼자 있는 시간이 많으면 자신을 성찰할 수 있는 시간도 많겠지만, 오히려 고집이 세지거나 사회성이 떨어지고 이기적이 될 수 있다. 나는 아니라고 생각해도 남들에게 그렇게 보일 수 있는 것이다.

나는 지금도 혼자만의 시간을 즐기고 있지만 반대로 그런 삶이 조금은 후회되기도 한다. 선택한 자유가 아니라 강요된 자유일 수 있기 때문이다. 그래서 승무원의 해외 체류 생활은 행복일 수도, 불행일 수도, 또 나처럼 양쪽 다일 수도 있다.

승무원이 승객으로 위장하고 비행기를 탄다고요?

맞다. 있다. 이것을 포지셔닝(Positioning)이라 한다. 다음 비행할 곳으로 이동할 때 조종사나 객실승무원들은 승객처럼 일반 좌석에 앉아 여행한다. '위장'이라고 말하는 것이 맞는 말인지는 잘 모르겠다. 포지셔닝할 때 어떤 항공사는 꼭 사복을 입도록 규정하고, 어떤 항공사는 유니폼을 입은 채 타고 가도 괜찮다고 한다. 아마 국내 항공사는 모두 사복으로 갈아입는 것 같다. 어떤 항공사는 깐깐하게 드레스코드를 규정해 비지니스 캐주얼 정도의 복장을 입도록 한다. 트레이닝복, 반바지, 슬리퍼는 당연히 안 되고, 칼라(collar) 없는 티셔츠와 청바지도 못 입게 한다. 반면 중국 항공사는 나이키 츄리닝에 운동화나 '쓰레빠'가 포지셔닝 복장의 기본이다.

우리나라가 작아서 국내 항공사는 포지셔닝이 적은 편이지만 땅 덩어리가 넓은 나라에는 꽤 자주 있다. 승무원이 첫 번째 비행 임무를 마친 후 다음 번 비행을 반드시 그곳에서 출발하지 않을 수 있고, 휴일 전에 임무를 마친 곳이 자기 홈베이스가 아닌 경우도 있다. 따라서 다음 비행을 위해, 또는 일을 마치고 집에 가기 위해 포지셔닝을 하는 경우가 자주 있다. 훈련을 위해 홈베이스를 떠나 훈련기지가 있는 베이스로 이동할 때에도 이와 같은 포지셔닝을 한다.

항공사에서는 이런 승무원을 데드헤딩 크루(Deadheading Crew)라고 부르는데, 승객 머리 숫자로 카운트하지 않기 때문에 이런 엽기적인 이름이 붙은 것 같다.

승무원은 시차 적응을 더 잘할까?

"아니! 전~혀. 시계 맞추듯 시차를 맞출 수 있는 줄 알아? 한 달에 몇 번씩 장거리 비행을 다니는데, 로봇도 아니고 어떻게 매번 시차에 적응하겠냐!"

아무 잘못 없는 순진한 질문에 갑자기 욱하고 치밀어 오르는 이 분노는 무엇인가?

"뭐야? 승무원이 아무래도 시차 적응을 잘하는 요령이 있지 않을까 해서 물어본 건데 왜 미친 사람처럼 화를 내고 그래?"

일단 사과한다. 내가 흥분했다. 나는 26년 동안 장거리 비행을 했다. 1년 365일 서로 다른 시차 속을 오가며 살다 보면 뼈와 살이 녹아내리는 듯한 고통을 느낀다. 과장이 좀 심한가? 그럼 지금부터 엄살 이야기, 큐!

· · ·

✈ 시간 여행자

내 몸이 머물고 있는 시간을 떠나 새로운 시간에 도착하면 일단 몸이 깜짝 놀란다. 피곤해서 자리에 눕지만 두세 시간 정도 자다가 일어나면 지금이 새벽인지 저녁인지 구분이 가지 않는다. 당황한 온몸의 신경들이 나의 행동에 거부감을 드러내고 세포의 일부는 아직도 수면 중인 듯 반응이 영 시원찮다. 밖에 나가 밥도 먹고 구경도 하려다 보니 어색한 몸뚱이를 질질 끌고 거리를 다닌다. 어떻게든 시차에 적응해보려고 안간힘을 쓰는데, 좀 어중간하게 적응되었나 싶으면 또다시 다른 시간으로 이동해버린다.

성수기 바쁜 비행 스케줄로 홈베이스에서조차 휴식이 부족하면 결국 내 몸은 시간을 잃어버린다. 정신은 멍하고 몸이 붕 뜬 느낌으로 1년 내내 나쁜 컨디션을 갖고 있게 된다. 승무원의 업보이자 일반인들이 이해하기 힘든 고통이다. 그렇다 보니 천진난만한 질문에 나도 그만 예민해져버렸다.

 너는 지금 어느 시간에 있니?

중국 하이난 항공에서 일할 때, 외국인 용병 기장들끼리는 종종 이런 대화를 한다.

"너는 지금 어느 시간에 있니?
"나야 베이징 시간에 있지."
"나는 유럽하고 베이징하고 중간쯤인 것 같아. 인도 정도? 그러니 캡틴 신이 먼저 근무하고 내가 나중에 교대했으면 해. 괜찮아?"

용병들은 집을 떠나 있는 시간이 길다 보니 자신의 몸이 어느 시간대에 있는지 파악하려고 노력한다. 왜냐하면 신체 리듬의 기준점을 놓쳐버리면 컨디션을 유지하기 더 힘들기 때문이다. 기준점을 잃으면 그냥 졸릴 때 자고 안 졸리면 깨어 있는,

리듬 없는 생활이 되어버린다. 매일 운동을 하며 내 신체와 친해지면 리듬을 찾는 데 유리하다. 내 몸이 말하는 소리를 귀담아듣게 되어 작은 이상도 감지할 수 있고, 운동을 하면서 몸에게 경각심을 주어 깨어 있을 때와 잠들 때의 구분을 좀 더 명확하게 해준다.

✈ 해가 뜨는 쪽으로 여행하면 더 힘들다고?

물론 체질적으로 시차 적응을 더 잘하는 사람도 있다. 체력과도 관련이 있고 숙면을 취하는 습관과도 관련이 있을 것이다. 어디선가 읽은 이야기인데, 사람은 보통 1시간 시차를 적응하는 데 하루가 걸린다고 한다. 일리가 있는 말 같다. 단, 내 생각에 이 논리는 동쪽으로 여행하는 경우에 더 맞는 것 같다.

미국 LA는 우리 시간보다 7~8시간 빠른데(날짜 변경선은 무시하자), 정말로 일주일이 지나면 밤새 숙면을 취하는 것이 어느 정도 가능해진다. 물론 낮에 활동을 하면서 시차에 적응하려고 노력했을 때다. 반대로 서쪽으로 이동했을 경우, 예를 들어 파리에 갔을 경우 그 절반인 3~4일 만에 웬만큼 적응이 된 것 같다. 똑같이 서쪽으로 이동하더라도 만약 LA에서 서울로 돌아오면 그 시간은 더 짧아진다. 내 집, 내 침대에서 편안하게 잠자기 때문이다.

그러다 보니 하루 이틀 정도 체류하는 여정이면 제시간에 잠을 못 자서 피곤할 뿐 신체 리듬이 크게 바뀌지는 않는다. 그러나 연속적으로 장거리 비행을 하거나 3일 이상 체류하는 다구간 비행을 하게 되면 조금씩 내 몸에 시간이 바뀌어가는 것을 느낀다. 신체 리듬이 흐트러지는 것이 싫어 한국 시간에 맞추어 생활을 해도 햇빛, 기온 등 환경 때문에 신체가 느끼는 시간은 조금씩 바뀌어 간다.

승무원 피로 관리 규정에 따르면 시차가 4시간보다 더 차이가 날 경우 현지에서 72시간 이상 체류해야 '현지화되었다'고 가정한다. 현지화가 되지 못하면 피로 관리 차원에서 근무시간 제한을 더 타이트하게 적용한다.

몸이 헷갈리지 않게 해줘

졸음운전은 매우 위험하다. 무엇보다 미국에서 현지 시차에 적응되지 않은 채 한국의 새벽 시간에 운전을 하는 것은 특히 위험하다. 햇볕이 쨍쨍해서 정신이 멀쩡한 것 같다가도 순식간에 깜빡 졸게 된다. '아우~ 졸려' 하면서 서서히 졸음이 오는 것이 아니라 마치 기면증 환자처럼 멀쩡하다가 갑자기 잠이 쏟아질 수 있다. 몸이 헷갈려하는 것이다. 굳이 그 시간에 운전을 해야 한다면 가능한 한 혼자 운전하지 말고 조수석에 보초를 세워 두어야 안전하다.

사실 신체 시간이 자주 바뀔수록 건강에 해롭다. 시차가 생기지 않는 것이 건강하게 사는 길이고, 어쩔 수 없이 잦은 시차 변화 속에 살아야 한다면 가능한 한 흔들리지(적응하지) 말고 신체 리듬을 굳게 유지하는 것이 좋다. 하지만 내가 원하는 시간에 근무를 할 수 있는 게 아니니 생체적 혼란은 피할 수 없다.

세상의 모든 동물, 아니 식물조차도 24시간 주기의 생체리듬이 형성되어 있다. 그 24시간이 수시로 15시간이 되었다, 30시간이 되었다 한다고 상상해보라. 며칠 밤새며 공부하거나 과로에 시달리는 것도 건강에 무척 해로운 일이지만 성격이 좀 다르다. 수면 시간이 부족하고 활동량이 많아 매우 피곤한 상태가 되었지만, 시간 환경이 바뀐 것이 아니므로 몸이 헷갈려하지는 않는다.

다시 질문으로 돌아가보자. 승무원은 시차 적응을 더 잘할 수 있을까? 물론 남들보다 신체 컨디션을 잘 유지하는 요령은 있을 수 있다. 낮에 자지 않고 버티다가 밤에 수면 유도제를 먹고 숙면을 취한다거나, 바람과 햇볕을 많이 쐰다거나, 자기 전에 반신욕을 한다거나 등등 여러 가지 꿀팁이 있다.

그러나 소위 말하는 '승무원의 시차 적응법'이란 슬기로운 승무원 생활을 위해 효율적으로 휴식을 취하고 피로도를 줄이는 의미이지 진짜로 신체 리듬이 현지 시간에 적응되는 것은 아니다. 신체가 인지하는 시간은 동에 번쩍, 서에 번쩍 하는 홍길동처럼 그렇게 쉽게 바뀌지 않는다.

승무원은 귀신을 자주 본다고요?

당황스럽게 이런 질문도 가끔 받는다.

그러나 나는 대답할 수 없다.

왜? 무서우니까.

그래도 용기를 내어 들은 이야기들을 전해보겠다.

물론 사실이 아닐 것이다. 아니라고 믿는다. 큐!

•　•　•

✈ 어느 야간 비행

대부분의 승객들이 잠든 어두운 객실. 점프시트(비상구 옆에 있는 승무원용 접이식 의자)에 앉아 비몽사몽 졸린 눈을 비비던 한 승무원이 자리에서 일어났다. 건너편 점프시트에 앉아 있는 선배 승무원을 향해 "워크 어라운드(Walk Around : 순항 중에 승무원이 승객들의 상태를 둘러보는 것) 다녀오겠습니다"라고 말했지만 피곤한지 고개를 숙인 채 손바닥만 살짝 들어 보여주었다.

조용히 커튼을 젖히고 객실 복도로 나온 그녀. 오늘따라 빈자리가 많아 적막하기까지 하다. 간혹 모니터를 켜놓은 채 잠든 손님의 얼굴 위로 대체 무슨 영화를 보다 만 건지 화려한 불빛이 바쁘게 춤을 추고 있다. 심야 비행을 즐기는 사람은 아무도 없어 보였고, 힘든 잠자리에 괴로워하는 표정들만 있었다. 기체는 미동조차 없었고, 웅웅대는 기체 소음이 장송곡처럼 흐르고 있었다. 그녀는 뒤쪽 구석 창가 자리에서 잠들지 못한 할머니를 한 명 발견했다. 아무 움직임도 없었지만 어둠 속에서 눈동자가 차갑게 빛나는 것을 보았다.

"할머니, 안 주무세요? 마실 것 좀 가져다 드릴까요?"

할머니는 그녀를 바라보더니 천천히 손사래를 쳐 보이고는 고개를 돌렸다. 그녀는 가볍게 목례를 하고 뒤쪽 갤리(비행기 주방)를 향해 계속 걸어갔다. 커튼 너머 갤리에는 불이 켜져 있었지만 인기척은 없었다.

'아무도 없나? 왜 불을 환하게 켜 뒀지?'

"헉!!"

커튼을 젖히면서 놀라 쓰러질 뻔했다. 갤리 바닥에 웬 할아버지가 고개를 숙인 채 쭈그리고 앉아 있었던 것이다.

"손님! 간 떨어질 뻔했잖아요. 여기 이렇게 계시면 안 돼요. 어서 자리로 돌아가주세요!"

너무 놀란 나머지 그녀는 자기도 모르게 다그치듯 말했다. 손님에게 더구나 할아버지인데 너무 심하게 말한 것 같아 미안했다. 하지만 할아버지는 눈길을 주지 않았고 아무 대꾸도 하지 않았다. 그녀는 쪼그리고 앉아 할아버지와 눈높이를 맞추며 다시 말을 걸었다.

"할아버지, 어디 편찮으세요? 마실 것 좀 드릴까요?"

할아버지가 천천히 고개를 들었지만 시선은 어디를 향하는지 알 수가 없었다. 그녀는 다시 상냥하게 말을 걸었다.

"할아버지 자리가 어디세요? 제가 모셔다 드릴게요."

할아버지가 어딘가를 향해 손가락을 치켜들었지만 가리키는 곳은 객실 쪽이 아니었다. 그녀는 답답한 나머지 할아버지의 팔을 잡고 몸을 일으켜 보려고 했다. 할아버지의 팔은 가늘고 새털처럼 가벼웠다. 그런데 아무리 당겨도 좀처럼 몸을 일으켜 세울 수 없었다. 저항하는 힘도 없는데 할아버지의 작은 몸이 자석처럼 꿈쩍하지 않았다. 당황한 그녀는 다시 쪼그리고 앉아 말했다.

"할아버지, 누구와 함께 비행기 타셨어요? 여기 할머니도 계세요?"

할아버지는 천천히 고개를 끄떡여 보였다.

"할머니요? 여기 할머니 함께 타셨어요?"

다시 한 번 할아버지가 고개를 끄떡였다.

"잠깐만 계세요. 제가 모시고 올게요."

그녀는 다시 객실로 돌아가 할머니를 찾기로 했다. 어렵지는 않았다. 그날따라 적은 승객 중에 일행으로 보이는 할머니는 몇 명 없었다. 좀 전에 손사래 치던 할머니가 제일 유력했다. 그녀는 그 할머니에게 다가가 말을 걸었다.

"할머니, 죄송하지만 혹시 할아버지와 함께 여행하시나요?"

할머니가 약간 놀란 표정으로 잠시 그녀를 쳐다보다 천천히 대답했다.

"… 맞아. 왜?"
"아, 할아버지 지금 어디 계신지 알고 계세요?"
"알지. 저 뒤에."
"아휴, 다행이다. 할아버지 저렇게 불편하게 계시면 안 돼요. 할머니가 자리로 돌아가시라고 말씀 좀 해주세요."

할머니는 물끄러미 그녀를 바라보다가 고개를 돌리며 말했다.

"영감이 목이 마른가 보지. 아가씨가 물이라도 한잔 주면 조금 있다가 자리로 갈 거예요."
"그래도… 보호자께서 직접….."

할머니는 더 이상 대꾸하지 않았다. 야속한 할머니지만 어쩔 수 없었다.

"그럼 일단 물 한잔 드려 볼게요."

아까 '마실 것 드릴까요?' 하고 물어봤었는데. 억울했다. 그러나 그녀가 갤리로 돌아와 커튼을 젖히자 어리둥절했다. 할아버지가 사라지고 없었기 때문이다.

'어디 가셨지…?'

갤리에도, 화장실에도 없었다.

'그새 자리로 가셨나?'

궁금했지만 다행이란 생각도 들었다. 그런데 이상했다. 객실을 다시 둘러보니 할머니 옆자리가 아직도 비어 있었던 것이다. 그렇다면 할아버지는 어디 계신 거지? 몸이 불편해 보이셨는데 어딘가에 쓰러져 있는 거 아니야? 덜컥 겁이 났다.

"할머니, 할아버지 자리로 안 오셨어요?"

그녀가 걱정스런 표정으로 물었다.

"이제 자기 자리로 돌아갔을 거야, 아가씨."

'무슨 말이야? 이 할머니 무슨 소릴 하는 거야?'

"할아버지 자리 어디신데요? 여기 아니에요? 따로 앉으셨어
요?"

다그치는 그녀에게 할머니가 조용한 목소리로 대답했다.

"할아버지 자리 저기 뒤야."

등골이 오싹했다. 심장이 빠르게 뛰고 눈동자가 커졌다.

"어… 어디요?"

할머니는 길게 처진 눈을 그녀와 마주치며 천천히 그리고 차
갑게 말했다.

"우리 영감 죽어서 화물칸에 태워 가…."

"… 흙!"

조금 각색을 했지만 이 이야기는 승무원들 사이에 회자되는

대표적인 항공 괴담이다. 본 사람은 없지만 들은 사람은 수없이 많다는 그런 이야기. 사실 승무원들의 일상은 괴담이 탄생하기에 꽤 적합하다. 야간 비행, 승무원 벙커 침상, 밤새 쌓인 피로, 호텔 생활 등등….

🔊 호텔 괴담

어떤 부기장은 지방의 한 호텔에서 기장이 무섭다고 같이 방을 쓰자고 한 적도 있다고 한다. 그 호텔은 승무원들 사이에서 귀신이 출몰하는 곳으로 꽤 유명한 곳이었다. 물론 목격담은 많지만 직접 봤다는 사람은 아직 한 번도 만나 보지 못했다. 도대체 진실은 무엇일까?

그 호텔에 워낙 괴담이 많다 보니 결국 회사는 체류 호텔을 다른 곳으로 바꾸었다. 많은 이야기가 탄생한 실제 호텔, 그러니까 새로 바뀌기 이전 OO산성에 있던 바로 그 문제의 호텔에는 정말 귀신이 있는지도 모르겠다. 어린아이, 소녀, 예비군 등 귀신 묘사가 꽤 구체적인데다, 커튼 뒤에 숨어 있었다거나, 크루 가방을 뒤진다거나 하는 귀신의 행동에도 상당히 디테일이 있다. 정말 오싹한 것은 그 호텔 방마다 벽에 걸려 있던 액자인데, 그 액자를 뒤집어 보면 귀신을 쫓는 부적이 붙어 있다고 한다. 내 주변에 귀신을 직접 보았다는 사람은 없지만 그 부적을 직접 본 사람은 있으니 사실이라고 믿을 수밖에. 그 호텔 주변에 굿방이 꽤 많이 있었다고 하는데, 아마도 그곳에 영적인 무언가가 있긴 있나 보다.

외국에도 승무원 체류 호텔 귀신 이야기는 많다. 대표적인 곳이 네팔의 카트만두. 그곳에 있는 '크○○호텔'은 여러 항공사의 승무원들이 함께 묵는 호텔인데, 이곳에 어린아이 귀신이 자주 나타난다고 한다. 불교의 나라이고, 히말라야의 음기가 압도하는 곳이다 보니 귀신 이야기가 더 그럴듯하게 들린다. 이 호텔에는 구관과 신관이 있는데 구관에만 귀신이 나타난다고 알려져, 체크인 할 때 구관에 방을 배정받으면 신관에 방을 받은 동료 승무원에게 같이 방을 쓰자고 부탁하는 일이 자주 있다고 한다.

이곳에서 경험했다는 대표적인 귀신 이야기들은 조금 귀여운 편이다. '신발 정리'가 대표적이다. 밤에 자다가 화장실에 가려고 일어나보면 대충 벗어 던져두었던 신발들이 가지런히 정돈되어 있다고 한다. 또 다른 레퍼토리는 아이의 깔깔거리는 소리를 듣는 것이라고 한다. 복도에서 아이가 천진난만하게 '까르르까르르' 하고 웃는 소리에 잠을 깨서 문을 열어보면 아무도 없다고 한다. '아무도 없는데…' 하고 문을 닫고 방 안을 향해 고개들 돌리는 순간… 홱!

미안, 거울에 비친 내 모습을 보고 놀란 거다.

 가위 눌림, 악몽

나도 승무원 생활을 하면서 가끔 오싹한 경험을 한 적이 있다. 호텔에서 암막 커튼을 치고 겨우 잠에 드는가 싶다가도 갑자기 가위에 눌리는 경우가 몇번 있었다. 몸은 움직이지 않고, 혹시라도 끄지 않은 텔레비전에서 영화 〈링〉의 귀신이 나오지 않을까, 열어놓은 화장실에서 〈나이트메어〉의 프레디가 나타나지 않을까 겁에 질려 꽁꽁 얼어붙은 몸을 발버둥쳐 깨우곤 했다.

자기 전에 침대 옆에 놓인 의자를 어디로 치울지 고민도 하고, 옷장 문을 열기 싫어 유니폼을 그냥 의자에 걸어두기도 했다. 매번 그러는 것은 아니고 그냥 가끔씩 호텔 방에 들어설 때 이유 없이 소름이 돋을 때가 있다. 그럴 때는 불을 켜고 자야 할지, 끄고 자야 할지 어느 쪽도 마음이 놓이지 않아 좀처럼 결정할 수가 없다.

귀신 이야기는 아니지만 승무원들만 꾸는 악몽 중에 이런 것도 있다. 조종사들의 경우 대표적인 것이 정글이나 도심에서 택시(Taxi:지상활주) 하는 것이다. 거대한 여객기로 테헤란로 한복판을 자동차 운전하듯 몰고 다니면서 행여 전봇대나 간판에 날개가 부딪히지 않을까 노심초사한다. 맞은편에서 트럭이나 버스가 다가오면 꼼짝달싹 못하게 되어 망연자실하기도 한다.

조종사와 객실승무원 모두에게 해당하는 대표적인 악몽은 지각이다. 비행기가 곧 출발할 시간인데 가도 가도 공항에 도착하지 못하는 꿈이다. 때로는 유니폼을 못 찾아 대신 고등학교 교복을 입고 가기도 하고, 부기장에게 다급하게 전화를 걸어 "일단 네가 먼저 이륙해. 내가 곧 따라갈게" 같은 말도 안 되는 이야기를 하기도 한다. 꿈속에서는 아무리 절망적인 상황이라도 〈미션 임파서블〉처럼 어떻게든 해결할 수 있을 것 같은가 보다. 승무원들만의 오싹한 이야기는 앞으로도 멈추지 않을 것 같다. 하지만 제발 나는 경험하지 않기를….

비행기 안에는 승무원들만 아는 비밀 공간이 있을까?

비행기에 정말 비밀 공간이 있는지 구글에 쳐보았다. 있네. 승무원 침실을 말하는 거네. 열이면 열 모두 침실 이야기네. 군용기나 에어포스원 같은 별난 비행기를 말하는 것은 아니겠지? 그렇다면 자신 있게 대답할 수 있지.

"네, 있습니다. 장거리 비행기에는 승무원들이 잠을 잘 수 있는 침실이 있습니다. 또한 컴퓨터들이 모여 있는 전자 장비실도 있어요. 모두 보안구역이라 승객들은 접근할 수 없습니다."

침실 이야기만 하면 구글 검색과 다를 게 없지.
보너스로 전자 장비실까지 이야기해보자. 큐!

・ ・ ・

✈ 승무원 벙크

승무원 침실은 장거리를 운항하는 비행기에만 있다. 조종사용 침실은 앞쪽에, 객실승무원용 침실은 뒤쪽에 있다. 디자인도 여러 가지다. 조종실 내부나 객실에 작은 방을 만들어 놓은 것도 있고, 객실 천정이나 지하에 공간을 만들어 토끼굴처럼 기어 들어가게 한 것도 있다.

특히 천정에 있는 침실은 비상 탈출구가 짐 싣는 선반을 통하게 되어 있어 갑자기 기내 선반에서 사람이 튀어나올 수 있으니 놀라지 말 것. 에어버스 A380은 가장 비싼 비행기란 명성에 맞게 럭셔리한 침실로 유명하다. 조종사 침실은 1인실로 두 개가 있다. 안에는 의자와 침대, 영화를 볼 수 있는 모니터까지 장착되어 있다. 하지만 대부분의 승무원 침실은 그냥 캡슐 정도의 크기다. 벙크 침상 몇 개가 겨우 들어 있는 정도다.

이곳은 보안구역이므로 입구에는 비밀번호를 이용한 잠금장치가 있고 '승무원 전용' 또는 'Crew Only' 같은 경고문이 붙어 있다. 이착륙하는 동안에는 안전을 위해 사용하지 못한다.

승무원 침실이 있는 이유는 장거리 비행을 할 때 승무원들이 쉴 수 있도록 한 것이지만 사실 법으로 규정한 운항 제한과 연관이 있다. 편안한 휴식 공간이 있는 비행기는 더 오래 비행할 수 있도록 허용되기 때문이다.

승무원 휴식 시설에는 세 가지 등급이 있다. 완전히 분리된 별도의 공간에 승무원 침실이 있으면 가장 높은 'Class 1'이다. 객실 내 180도로 젖혀지는 의자가 있고, 승객과 분리되도록 커튼을 설치하면 'Class 2'이고, 40도 이상 뒤로 젖혀지고 발받침이 있으면 'Class 3'이다. 등급이 낮아질수록 최대로 오래 비행할 수 있는 시간 제한이 몇 시간씩 짧아진다.

침실 안에는 벙크(침상)가 있고 산소마스크, 인터폰이 비치되어 있다. 온도 조절장치와 화재 감지기도 있다. 휴식하러 들어갈 때는 담요와 베개, 물병, 귀마개, 안대 같은 것을 챙겨 간다. 여러 명이 함께 휴식할 때는 미리 화장실에 다녀오는 것이 기본 매너. 부지런한 승무원들은 노이즈 캔슬링 이어폰, 물수건, 핫팩을 비롯해 이것저것 잔뜩 싸가기도 한다. 예민한 사람들 중에는 개인 베개, 파자마, 슬리핑백, 휴대용 가습기, 아로마 방향제 같은 것을 갖고 다니는 사람도 있다. 하지만 인형이나 죽부인은 아직까지 본 적이 없다.

조종사 침실에는 두 개의 벙크가 옆으로 나란히 또는 아래위 이층으로 들어 있다. 객실승무원 침실에는 도미토리처럼 대여섯 개의 침상이 빼곡히 들어 있다. 공간이 비좁다 보니 휴식할 때 서로 방해가 되기 쉬운데, 빛은 커튼과 안대로, 소리는 귀마

객실 천정 위에 있는 승무원 휴식 지역 (B787)

2개의 벙크(bunk)와 인터폰, 산소마스크, 송풍구, 조명과 온도 조절기, 화재 경보기 등이 있다.

개로 어느 정도 방어가 가능하지만 냄새는 조심해야 한다. 원만한 회사 생활을 위해 항상 청결을 유지하고, 기압 변화에 민감한 사람은 미리미리 화장실에서 가스 배출을 해두는 것이 좋다. 그나마 다행인 것은, 공기 순환이 빨라서 냄새가 금방 빠져 나가긴 한다.

들어보면 매우 불편할 것 같은데 의외로 안락하다. 천장이 낮고 공간이 좁으니 요람에 들어 있는 느낌이 든다. 기류가 적당히 흔들어주면 안성맞춤. 그러나 너무 잘 자고 나면 조금 미안하다. 목베개 끼고 쪽잠을 자는 승객에 비하면 단 몇 시간이라도 토끼굴에서 허리 펴고 잘 수 있는 것이 복이다.

 ## 전자 장비실

전자 장비실은 소형 비행기는 조종실 아래에만 있고, 대형 비행기에는 조종실 아래와 기종에 따라 뒤쪽이나 천장에 추가로 더 있기도 하다. 안에는 크고 작은 컴퓨터와 전자 장비가 차곡차곡 쌓여 있고, 온갖 배선들과 배터리, 서킷브레이커(Circuit Breakers)들이 가득 차 꼭 전파사 같다. 냉각 팬이 돌아가 항상 바람이 쌩쌩 분다. 특히 비행 중에 들어가면 엄청 춥고 시끄럽다.

주로 정비사가 들어가 작업을 하는데 소형기는 동체 아래에 해치가 있어 지상에서 바로 들어간다. 반면 대형기는 조종실이나 앞쪽 갤리(주방) 바닥에 있는 해치를 열고 들어가는 구조가 많다. 물론 동체 아래에도 외부로 통하는 해치가 있지만 대형기는 동체가 높아 작업대가 있어야 드나들 수 있다. 보잉 B787 같은 최신 비행기는 조종실에서 여러 가지 전자 장비를 원격으로 정비할 수 있어서 웬만하면 전자 장비실에 들어가지 않고 작업을 할 수 있다.

예전에 다니던 항공사에서 한 객실승무원이 갤리에서 일하다가 전자 장비실 구멍으로 떨어졌다는 이야기를 들은 적 있다. 해치를 열어두고 안전가드를 쳐놓지 않아 길가다가 맨홀에 빠지듯 쑥 빠졌던 것이다. 다행히 큰 부상은 입지 않았다고 한다. 좁은 공간에 딱딱한 금속들이 빼곡해서 멀쩡히 작업하다가도 이마를 찍기 일쑤인데 그 승무원은 정말 큰일 날 뻔했다.

오래전에 화물기로 뉴욕으로 가다가 폭설이 내려 필라델피아로 회항한 적이 있다. 회항하는 비행기들이 한꺼번에 몰리다 보니 공항에 작업대나 계단차가 모자랐다. 연료도 넣고, 외부 점검도 하러 나가야 하는데 나갈 방법이 없어 머리를 좀 썼다. 객실 바닥의 해치를 열고 전자 장비실로 들어간 다음, 전자 장비실 내 외부 출입구를 열어 노즈 랜딩기어를 타고 내려가려 했다. 하지만 외부 출입구 해치를 열어보고 포기했다. 높이도 높은 데다 한겨울이라 바람이 쌩쌩 부는 것이 아찔했다. 결국 작업대가 올 때까지 기다렸다.

승무원 휴식 시설과 전자 장비실 외에도 비행기에 따라 음식 물 저장소가 객실 아래에 지하 창고처럼 있는 경우도 있고, 객 실 카펫을 뜯어내면 화물칸으로 연결되는 통로가 있는 경우도 있다. 물론 이 통로는 평소에 사용하지 않는다.

비행기 안에 비밀 공간이라니! 그러고 보니 맞네, 비밀 공간. 별 대단한 비밀은 아니지만, 대신 승무원들이 비행기에서 양말 벗고 드러누워 코 골며 잠자는 모습은 꼭 일급 비밀로 해주기 바란다.

아, 이건 정말 궁금할 것 같다. 운전기사가 없으면 걸어 가든지 지하철이나 버스를 타면 되지만 비행기는 어떻게 해야 할까? 그런데 반전은 없다. 그냥 조종사가 없으면 비행기가 못 뜬다. 방법이 없다. 조종사가 올 때까지 비행기를 지연시켜 출발하거나 비행편을 취소시켜야 한다. 객실승무원은 좀 다르다. 법적 요건을 갖춘 최소 인원만 충족되면 출발은 할 수 있다. 승객 좌석 50석당 최소 한 명이 필요하므로 300석 항공기의 경우 승무원이 6명만 되면 출발은 할 수 있다. 그 비행기에 객실승무원이 8명 배치되었다면 그중 2명은 빠져도 법적으로 문제가 없다는 뜻이다. 대신 객실 서비스에 구멍이 생길 것이고, 나머지 승무원들의 불만은 감수해야 한다.

하지만 항공사가 이렇게 아무 대책 없이 승무원을 운영하면 곧 문을 닫아야 할 것이다. 생각지 못한 일로 지각이나 결근을 하는 일은 어느 회사에나 종종 일어나지 않는가? 조종사가 없으면 비행기는 뜨지 못한다. 그건 당연한 이야기이고, 객실승무원도 마찬가지다. 승무원은 팀워크로 움직이는데 한 명만 빠져도 안전과 서비스는 큰 구멍이 생길 것이다. 그렇다면 과연 항공사는 이런 사태가 발생했을 때 어떻게 대응하고, 또 평소에 어떻게 예방할까? 나름의 노하우가 있을 텐데, 어디 한번 살펴보자. 큐!

누구나 갑작스런 일로 결근이나 지각을 할 수 있다

항공사가 이런 리스크를 무방비 상태로 두면 비행 지연과 취소가 비일비재할 것이다. 다른 직장과 마찬가지로 항공사 직원들에게도 갑작스러운 일은 언제나 생길 수 있기 때문이다. 몸이 아프거나, 사고가 나거나, 집안에 급한 일이 생기거나, 출근 날짜와 시간을 헷갈리거나, 늦잠을 잤거나 등등. 비행 전날 연인과 헤어져 홧김에 회사고 뭐고 뵈는 거 없이 술을 퍼마셨을 수도 있다. 물론 음주 비행 하면 큰일 난다.

하지만 사람들이 여행을 떠날 때 승무원의 지각, 결근 때문에 비행기가 지연되거나 결항되는 일은 거의 없다. 다른 이유라면 몰라도 승무원 근태 때문에 승객의 여행을 망쳐? 절대 용서받지 못한다. 어떻게든 비행기는 뜬다. 그렇다면 너구리가 승무원으로 둔갑하는 요술이라도 부리는 걸까? MBTI 'T'와 'J' 성향이 강한 사람이라면 나름 방법을 상상해낼 수 있을 것 같다. 예를 들어 늦게 출발하는 다른 비행기의 승무원과 교체해서 일단 먼저 비행기를 띄운다거나, 공항 근처에 사는 승무원을 급히 부른다거나, 혹시 다른 항공사 승무원을 잠시 빌린다거나?

오랜 운항 경험을 갖고 있는 항공사라면 상당히 잘 짜여진 승무원 편조 체계를 갖고 있다. 항공사에는 전문 승무원 스케줄러가 있어 자격, 근무, 휴식에 대한 법적 요건을 충족하는 범위에서 가장 효율적으로 승무원들의 스케줄을 운영한다. 스케줄은 대개 월 단위로 작성하고 관리하며, 이미 작성한 스케줄을 토대로 실시간 모니터링하며 승무원이 출근하지 않거나 지각하는 상황에도 대응한다.

 리저브와 스탠드바이

보통 항공사에서 운영하는 대표적인 대응 방법으로 '리저브(Reserve)'와 '스탠드바이(Stand-by)' 제도가 있다. 승무원들의 월간 스케줄을 보면 비행일, 휴일 외에 '리저브(RSVD)'와 '스탠드바이(STBY)'라는 것이 각각 며칠씩 찍혀 있다. 말 그대로, 원래 배정된 승무원이 비행을 할 수 없게 될 경우에 대비하여 다른 승무원을 대체 투입할 수 있도록 대기시키는 것이다.

이해를 돕기 위해 이 절차를 스케줄러의 입장에서 설명하면, '리저브'는 출발 12시간 이전에 승무원을 바꿀 수 있는 카드다 (시간에 대한 규정은 회사마다 다르다. 외국에는 24시간을 적용하는 경우도 있다). 예를 들어 20시간 후 LA로 가는 비행기의 아무개 기장이 요가를 하다 허벅지 근육이 파열되었다고 하자. 스케줄러는 그 날 리저브로 찍힌 기장들 명단 중에서 한 명을 골라 대신 비행에 투입할 수 있다. 조종사가 모자라는 성수기라면 리스트는 빈약할 것이고, 비수기라면 풍족할 것이다. 만약 요가에 진심이던 아무개 기장이 적어도 몇 주간 비행을 못 할 것으로 보이면 그달 남은 스케줄 모두 대타를 투입해야 한다. 그렇게 여러 개의 스케줄을 한꺼번에 변경하게 되면 리저브 명단만으로는 모두 커버가 안 될 수도 있는데, 그 경우에는 이미 정해진 스케줄을 전체적으로 손봐야 할 수도 있다.

리저브가 꼭 12시간 이전에만 사용할 수 있는 카드는 아니다. 12시간 이내라도 당사자가 동의하면 투입할 수 있다. 예를 들어 10시간 후에 광저우로 출발하는 비행편의 모 객실승무원이 조기 축구를 하다 공에 맞아 눈두덩이가 판다가 되었다고 치자. 12시간 이내지만 스케줄러는 그날 '리저브'로 찍힌 승무원들에게 차례로 전화를 돌려 대신 비행 갈 수 있는지 알아볼 것이다. 그런데 하필 그 비행편이 매우매우 인기 없는 노선이라 선뜻 나서는 사람이 없다면? 누구는 이미 술을 마셔서 갈 수 없다 하고, 누구는 남편 생일이라 갈 수가 없다며 이리지리 핑계를 댈 것이다. 그렇다고 그 승무원에게 진짜냐고, 뻥 치는 것 아니냐고 추궁할 수는 없다. 리저브 승무원을 12시간 이내에 투입하려면 어떤 사정이든 반드시 승무원 본인이 동의를 해야 하기 때문이다. 다행히 한 승무원이 기꺼이 가겠다고 해주면 모두 해결된다. 스케줄러는 이 고마운 승무원에게 다음에 좋은 비행 스케줄이 나오면 꼭 넣어주리라 다짐하며 포스트잇에 이름을 적고 하트를 그려 넣을 것이다.

만약 리저브 승무원들 중 아무도 응해주지 않으면 스케줄러는 결국 스탠드바이 카드를 꺼내야 한다. 스탠드바이 승무원은 말 그대로 스케줄러가 부르면 곧장 공항으로 달려가야 하는 '대기' 임무다. 어떤 날짜에 몇 시부터 몇 시까지(보통 12시간)라고 대기 시간이 명확히 지정되는데, 그 시간 동안에는 당장 비행할 수 있는 상태로 대기해야 한다.

스탠드바이에는 보통 두 가지가 있다. 홈 스탠드바이(Home-Standby)와 공항 스탠드바이(Airport-Standby)다. 이게 뭔지는 이름만 보고 알 수 있을 것이다. 홈 스탠드바이는 말 그대로 집에서 대기하는 것이다. 휴대전화가 없던 라떼에는 아예 집 밖에 나갈 수 없었다. 행여나 전화를 받지 못하면 규정 위반이 되었기 때문이다. 지금은 휴대폰만 있으면 집에서 가까운 곳 정도는 나가도 괜찮다.

공항 스탠드바이는 유니폼 입고, 여권, 서류, 체류 가방까지 챙겨 공항 사무실에 대기하는 것이다. 항공사가 호텔을 제공할 경우 공항에서 가까운 호텔에서 대기할 수도 있다. 승무원이 출근 중 사고가 나거나, 연락이 두절된 채 예고 없이 출근 시간에 나타나지 않거나, 출근은 했는데 여권을 안 가지고 온 경우 등등 주로 비정상 상황에 대응하기 때문에 어떤 항공사는 이것을 비상 스탠드바이(Emergency Standby)라고도 부른다.

물론 모든 항공사가 공항 스탠드바이를 운영하지는 않는다. 항공사마다 정책과 여건이 다르기 때문이다. 공항이나 본사 기지 주변에 승무원들이 많이 거주하는 경우 홈 스탠드바이만으로 충분히 대응할 수 있다. 대신 홈 스탠드바이는 모든 항공사가 운영한다. 그런데 집이 공항에서 너무 멀면 어떻게 하나? 인천공항이 베이스인데 집이 제주라면? 홈 스탠드바이 제도는 소속 기지로부터 일상적인 출퇴근이 가능한 거리에 집이 있는 것을 가정한다. 군대의 '위수 지역'과 비슷한 개념이다. 만약 그런 승무원이 있다면, 미리 서울로 올라와 한두 시간 안에 공항에 갈 수 있는 곳에서 대기해야 한다. 스탠드바이도 비행과 마찬가지로 하나의 임무이기 때문에 아무리 집이 멀어도 특혜나 예외는 없다.

✈ 찔린다! 나도 그런 적이 있다

비행 스케줄에 따라 불규칙하게 출근을 하다 보니 승무원들은 누구나 조금씩 강박증을 갖고 있다. 혹시나 쇼업(Show-up : 승무원이 비행 근무를 위해 지정된 장소, 예를 들어 공항 사무실에 도착하는 것. 이 시간부터 근무 시작으로 간주한다) 시간을 잘못 알고 있는 것은 아닌지 스케줄 달력을 몇 번이고 확인한다.

나는 20년 넘게 비행하면서 딱 한 번 지각을 한 적이 있다. 좀 어이없는 상황이었다. 오래전 화물 전용기를 탈 때였다. 화물기 스케줄이 늘 밤 10시, 11시에 출발하다 보니 스케줄 달력에 11:30이라고 찍힌 출발 시간이 당연히 밤 11시 30분이라고 굳게 믿고 있었다. 진짜 밤 11시 30분 출발이었다면 달력에 23:30으로 찍혀 있어야 했다. 그날 오전 9시쯤 한가하게 아침을 먹고 있을 때 스케줄러로부터 전화가 왔다.

"기장님 지금 어디세요?"

"집인데요."

"비행 안 나가고 뭐하세요?"

"오늘 밤 비행인데 벌써…? 헐…!"

"지금 빨리 나오세요. 비행기가 지연되지 않으면 큰 처벌은 없을 거예요."

공항 쇼업 시간이 오전 9시 50분이었다. 노련한 스케줄러가 띨띨한 나를 못 믿어 출근 한 시간 전에 미리 전화를 해준 것이다. 나는 정신없이 택시를 타고 공항으로 갔다. 같이 가는 승무원들에게 차례로 전화를 걸어 곧 따라갈 테니 미안하지만 먼저 비행기에 가 있으라고 했다. 그중 외국인 기장이 약을 올렸다. 그냥 문 닫고 먼저 갈 테니 천천히 오라고. 쇼업 시간에는 조금 지각했지만 곧장 비행기로 달려가 다행히 출발은 지연되지 않았다. 미리 전화를 준 스케줄러는 노련한 프로였다.

사람이 하는 일이다 보니 이런 일은 언제든지 일어난다. 하지만 항공사의 노련한 대처로 실제로 지연은 거의 발생하지 않는다. 하지만 상상해보면 끔찍하다. 다른 것도 아니고 승무원이 지각해서 비행기가 지연된다면 승객들이 얼마나 화가 날까? 승객이 늦으면 절대 기다리는 법 없으면서, 승무원이 늦으면 그 많은 승객들이 기다려야 하는 이 '더러운 세상!' 그 마음 이해한다. 하지만 너무 노여워하지 마시라. 행여나 그런 일이 벌어지면 승무원에 대한 처벌도 어마어마할 거다.

🔵 비행 전날 여권을 목에 걸고 잔다고?

제시간에 출근을 했는데도 승무원을 바꿔야 하는 경우가 있다. 여권, 조종사 면장, 배지(Badge) 등을 안 가져온 경우다. 대부분의 승무원들은 국제선 비행을 나가는데 여권을 안 가져온 꿈을 꿔본 적이 있을 것이다. 이게 상당히 악몽이다. 배지는 사원증과 승무원 등록증을 말하는데, 경우에 따라 사원증은 재직증명서를 발급해서, 승무원 등록증은 여권으로 대신할 수 있다. 면장도 평소에는 꺼내 쓸 일이 없으니 항상 비행 가방에 얌전히 보관해둔다. 그런데 여권은 입출국 할 때, 외국에서 환전할 때나 맥주 살 때 등등 꺼내 쓰는 일이 꽤 많다. 자칫 잃어버리기 쉬운 반면 없으면 무엇으로도 대신할 수 없다. 외국 나가는데 운전면허증, 이런 거 안 된다.

실수를 피하기 위해 비행 가방 속에 여권 보관 장소를 정해

두고 사용 후 바로바로 정위치에 넣는 습관을 들이지만, 그래도 사람이라 가끔 실수를 한다. 특히 휴가로 해외여행을 다녀왔을 때, 여권을 새로 갱신했을 때, 어딘가에 여권 사본을 제출하기 위해 복사를 했을 때 등등이 매우 위험한 순간이며 사건의 단초가 된다.

혹시 여권 강박증이 있어 출근하기 전에 열 번 이상 여권이 잘 있는지 확인한다거나 아예 전날부터 여권을 목에 걸고 잠자는 승무원이 있다면 빨리 공항 근처로 이사 갈 것을 추천한다. 잊고 출근해도 얼른 집에 가서 다시 가져올 수 있으니 정신 건강에 큰 도움이 될 것이다.

중국 항공사에서 일하던 시절, 중국인 승무원이 여권을 안 가져와서 승무원이 교체되는 사례를 몇 번 본 적이 있다. 중국인은 해외여행을 다닐 때 나라별로 출입국 서류와 절차가 우리나라 사람들보다 복잡하다. 그래서인지 중국 승무원들은 보통 한 사람이 여권을 두세 개씩이나 갖고 있다. 가는 나라에 따라 다른 여권을 갖고 가야 하기 때문이다. 여권은 각각 번호가 달라 서로 바꿔 사용할 수도 없는 모양이었다. 그렇다 보니 승무원들은 출근하면 가장 먼저 승무원 리스트에 적힌 여권 번호부터 진지하게 확인했다. 엉뚱한 여권을 갖고 와서 애를 먹은 경험들이 한 번쯤 있는 그런 표정으로 말이다.

한편, 보안이 엄격한 중국에서는 승무원 배지도 매우 엄중하게 다룬다. 배지가 없으면 공항 안에도, 비행기 근처에도 갈 수 없으니 강박증이 배가된다. 중국 민항총국에서 직접 홀로그램과 칩을 넣은 배지를 발급하고 철저하게 관리하는데, 행여 잃어버리기라도 하면 벌금도 내고, 분실 경위 조사와 신원조회 등을 거쳐 새로 발급받을 때까지 집에서 두세 달 푹 쉬어야 한다.

SF 영화들을 보면 피부 속에 칩을 넣거나, 몸에 바코드를 새기고, 안면 인식으로 한 번에 개인 정보를 탈탈 털기도 한다. 그런 것을 보고 인간성을 잃어가는 미래상을 걱정하기도 한다. 그런데 솔직히 그런 세상이 조금 부러울 때도 있다.

승무원은 출발 몇 시간 전에 비행기에 가 있을까?

최소한 승객들이 탑승하기 전에 비행기에 도착해야겠지? 보통 출발 30분 전에 탑승을 시작하니 그 전에 가 있어야 한다. 그 시간에 그냥 가 있으면 되는 것은 아니다. 승객을 맞을 준비가 되었는지 이런저런 점검을 해야 하므로 그보다 조금 더 일찍 가 있어야 한다. 규정으로 말하자면, 항공사마다 조금씩 다르지만 최소한 국내선은 40분, 국제선은 50분 전에는 가 있어야 한다.

승객들이 탑승하기 전에 비행기 정비가 잘 되었는지, 기내 청소는 잘 되었는지, 물과 음식, 판매물 등이 잘 실려 있는지, 연료 보급은 다 되었는지, 비상 장비는 모두 제 위치에 있고 작동은 잘하는지 확인해야 한다. 기내에 폭발물이나 무기 등 수상한 물건이 숨겨져 있는지 보안 점검도 해야 한다. 미국에서는 보안 당국의 감독 하에 사설 보안업체가 항공기 점검을 하지만 대부분의 나라에서는 승무원들이 직접 보안 점검을 한다. 승무원들이 점검을 모두 마치고 비행기가 출발하는 데 문제가 없다고 판단하면 기장이 승객 탑승을 결정한다.

"조종사는 비행 중 어떻게 화장실에 가나요?"

"어떻게 가긴, 페트병 들고 조종실에 들어간다! 그게 왜 궁금한데?"라고 말하면 안 되겠지. 다시,

"물론 갑니다. 비행기에는 성능 좋은 오토파일럿이 있고, 부조종사도 있으니 바쁘지 않은 시간에는 잠시 할 일을 부조종사에게 맡기고 화장실에 다녀올 수 있습니다. 아, 보안 문제도 생각해야지요. 테러나 피랍에 속수무책인 채로 조종실을 드나들 수 없기 때문에 화장실에 가기 위해서는 특별한 절차가 있습니다. 그럼 몇 가지 예를 들어 이야기해볼까요?"

짜증 나는 질문이지만 대답은 그럭저럭 괜찮은 것 같다. 나는 프로니까. 그럼 이야기 시작. 큐!

✈ 조종실 옆에 화장실이 있다

대분의 비행기에는 조종실 출입구 바로 옆에 화장실이 있다. 조종사들은 동선이 가장 짧은 이 화장실을 이용한다. 게을러서가 아니라 안전과 보안을 위해서라고 이해하면 되겠다. 비행을 하다 보면 가끔 승객이 조종실 문을 열려고 시도한다. 이들의 99.9%는 테러리스트가 아니라 조종실 문을 화장실 문으로 착각한 승객들이다. 혹시 독자 중에도 그런 경험을 가진 사람이 있다면 전혀 창피해할 필요가 없다. 그런 사람들 제법 많다.

비행 중에 조종실 입구 카메라를 켜 두고 있으면 조종실 문을 만지거나 두드리는 승객을 가끔 볼 수 있다. 화면을 계속 보고 있으면 곧 승무원이 나타나 바로 옆 화장실 문을 열어준다. 두 문이 나란히 있으니 누구든 헷갈릴 수 있다. 아주 드물게는 비행기 탑승구(비상구)를 화장실로 착각해 그 큰 핸들을 힘으로 돌리려는 사람도 있다고 한다. 들은 이야기가 아니라 실제로 보고되는 내용이다. 그런 것에 비하면 조종실 문 노크 정도는 아주 정상적인 굿 매너다. 참고로 순항 중에는 기내 여압 때문에 천하장사가 핸들을 돌려도 출입문은 절대 열리지 않으니 안심해도 좋다.

다시 본론으로 돌아와서, 우리나라 항공사들은 조종사가 '생리현상의 해결을 위해 최소한의 시간 동안 조종실을 이탈할 수 있다'라고 규정하고 있다. 즉 조종사의 용변권은 법적으로 보호받고 있다. 단 '최소한의 시간'이라는 기준이 모호해 연령별 평균 생리현상 시간과 주기, 보편적인 조종사의 직업 윤리관을 참고해 판단할 수밖에 없다 (농담이다. 가고 싶으면 가는 거다).

우선, 우리나라 항공사에서 조종사가 화장실에 가는 상황을 한번 상상해보자. 미안하지만 이 글에는 조금 지저분한 내용이 포함될 수 있음을 미리 알린다('더럽게 뭐 이딴 걸 상상하라고?' 하는 사람들은 잠깐 건너뛰어도 좋겠다).

 조종실에는 반드시 2명 이상이 있어야 한다

비행기가 이륙해 순항고도에 다다르자 긴장이 풀렸는지, 커피를 너무 많이 마셨는지 화장실에 가고 싶어졌다. 조종실 앞 카메라를 켜보니 승무원들이 식사 서비스 준비에 한창이다. 사무장에게 인터폰을 걸었다.

"사무장님, 저 좀 나가겠습니다."
"네, 잠시만요."

무척 바쁜 시간인지 몇 분이 지나서야 다시 연락이 왔다. 나는 카메라 화면으로 사무장의 얼굴을 확인하였고, 조종실 비밀 번호를 입력하는 것을 지켜보고 있었다. 이어 정확한 번호를 입력했다는 신호음이 들리자 스위치를 돌려 조종실 문 잠금장치를 풀어주었다. 사무장이 문을 열고 조종실에 들어와 뒷자리에 앉았다. 좀 어색한 분위기에 내가 먼저 말을 걸었다.

"사무장님이 직접 들어오셨네요?"
"네, 다들 너무 바빠서 제일 도움이 안 되는 제가 들어왔어요."

'비행 중에는 조종실에 최소 두 명의 승무원이 있어야 한다'는 'Two-Crew Cockpit Rule'이 있다. 이 원칙에 따르면 조종사 한 명이 조종실을 나갈 경우 승무원 한 명이 대신 조종실에 들어와 있어야 한다. 이 승무원의 역할은 혹시라도 나머지 한 명의 조종사가 갑자기 쓰러지거나, 반역자(Renegade Pilot)가 되어 항공기를 조종 불능 상태로 빠뜨리지 않는지 지켜보기 위함이다.

문을 열기 전 광폭 렌즈에 눈을 대고 한 번 더 바깥을 확인했다. 보통 집 현관문에 있는 바로 그 렌즈다. 밖에 나와 보니 갤리(비행기 주방)와 객실 사이 통로에 커튼이 쳐져 있었고, 승무원 한 명이 할 일을 하면서 주변도 함께 감시하고 있었다. 한 승객이 화장실에 가려고 커튼을 열고 들어오자 그 승무원은 하던 일을 멈추고 승객을 제지했다. 물론 승객이 놀라지 않도록 친절한 목소리로 다른 화장실을 안내해주었다. 내가 화장실에서 일을 마치고 다시 조종실에 들어가려 할 때 그 승무원이 나를 불렀다.

"기장님, 커피나 음료수 드릴까요?"
"아니, 괜찮아요. 더 마시면 화장실만 자주 갈 것 같아요. 고마워요."

나는 조종실 문 키패드에 비밀번호를 입력하고 두 번 노크를 한 후, 문 위쪽에 있는 카메라를 바라보며 잠시 기다렸다. 곧이어 키패드에 초록색 불이 켜지고 잠금장치가 풀리는 소리가 나자 문을 힘껏 밀었다. 헐… 문이 열리지 않았다! 새 비행기라

문이 뻑뻑한가? 당황하여 더 세게 밀어보려는데 갑자기 문이 앞으로 열리면서 코가 문에 부딪혔다. 안에서 사무장이 열어준 것이다.

"기장님 괜찮으세요? 부딪힌 것 같은데…."
"아, 괜찮아요. 에어버스를 오래 타다 보니 깜빡하고…. 하하."

객실에서 조종실로 들어갈 때 에어버스는 문을 밀어서 열고, 반대로 보잉은 당겨서 연다. 에어버스를 오래 타다 보잉으로 기종을 전환한 나는 아직도 헷갈린다. 이 두 회사는 자존심 싸움을 하는 건지, 이런 것조차도 특허를 내는 건지 작동이 서로 거꾸로 인 것들이 참 많다. 나는 손바닥으로 코피가 나는지 만져보면서 조용히 조종실로 들어갔다. 말없이 손바닥을 들어 보이자 사무장이 '터치'를 하고 밖으로 나갔다. 조종석에 앉아 좌석벨트를 매는 동안 부기장이 부재중 비행 상황을 브리핑해 주었다. 나는 설명을 들으면서 여러 계기들과 컴퓨터를 살펴보았다. 모든 것이 정상이고 손바닥에 코피도 묻지 않는 것을 확인한 후, 부기장에게 넘겨주었던 조종 권한을 다시 가져온다는 의미로 크게 말했다.

"아이 해브 에어플레인.(I have airplane)"

"유 해브 에어플레인, 써!(You have airplane, Sir)"

이때 부기장이 조심스럽게 말했다.

"기장님, 저도 갑자기 화장실에 가고 싶은데요…."

'야! 사무장 있을 때 차례로 다녀오지, 나가자마자 또 불러? 참아!'라는 말이 목구멍까지 올라왔지만 친절한 신 기장은 꾹 참고 말했다.

"응, 다녀와요. 다시 인터폰 걸어요(미소)."

 중국 항공사의 조종사 화장실 출입 절차

나라마다 조종실 출입 절차는 대체로 비슷하지만 모두 같지는 않다. 중국은 한국보다 절차가 좀 더 엄격하고 거창하다. 내가 근무했던 하이난 항공사를 예로 이야기해보겠다. 그곳에서는 조종사가 화장실에 갈 때 이런 풍경이 펼쳐진다.

어느 날 비행 중, 중국인 부기장이 내 팔뚝을 한 번 툭 치더니 따봉 모양으로 손을 만들어 조종실 문을 가리켰다. 이어서 화장실에 가고 싶다는 의사 표현을 두 단어로 아주 간결하게 말했다.

"캡틴, 토일렛.(Captain, toilet : 기장님, 화장실)"

"오케이, 아이 해브 컨트롤 앤 커뮤니케이션.(Okay, I have control and communication)"

두 명이 분담하던 조종과 통신 임무를 혼자 다 맡는다는 뜻이다. 그러니까 일 놓고 화장실에 갔다 오라는 말이다. 부기장이 객실승무원에게 인터폰을 걸자 잠시 후 '쿵쿵' 노크 소리(조종실 문은 워낙 두껍고 단단해 똑똑 두들겨서는 소리가 잘 안 들린다)와 비밀번호를 누르는 전자음이 '삑삑삑' 하고 들렸다. 카메라를 켜보니 한 승무원이 카메라를 향해 손가락으로 브이를 그리며 얼짱 각도를 취하고 있었다. 나는 잠금장치를 풀어주었다. 그 승무원은 과자, 해바라기씨, 마라향 육포 등 먹을 것을 잔뜩 갖고 들어왔다. 부기장이 자리에서 일어나면서 나에게 물었다.

"캡틴, 유 고 투? (Captain, you go too? : 기장님도 화장실 가?)"
"애프터 유. (After you : 응, 너 먼저)"

부기장이 나가자 그 승무원은 호기심 가득한 얼굴로 나에게 말을 걸었다.

"한궈 지장, 니슈오종원마?(韩国机长, 你说中文吗? : 한국인 기장님, 중국 말할 줄 알아요?)"

나는 가져온 음식 중에 매운 닭 모가지를 하나 입에 넣으며 대답했다.

"부넝, 워 팅부동 칸부동! (不能! 我听不懂看不懂 : 아니, 나 듣지도 읽지도 못해요!)"

승무원이 냅킨을 건네면서 말했다.

"니슈얼라! (你说了! : 너 말하네!), 쯔이거 하오츠바 지장! (这个 好吃吧 机长 : 기장님 이거 맛있죠?)"

한창 원어민 교습을 받다 보니 어느새 부기장이 들어왔다.

"캡틴, 유 고! 아이 해브 컨트롤 앤 커뮤니케이션."

조종실 문을 열고 밖에 나가 보니 주방 너머 객실 입구는 커튼으로 가려져 있었고, 조종실 입구에는 기내식을 싣는 카트로 바리케이드가 세워져 있었다. 조종실을 빠져나와 겨우 화장실에 들어갈 수 있을 정도의 공간만 남겨둔 채 침입자가 조종실에 접근하지 못하도록 주변을 막아 둔 것이다. 또한 보안 승무원이 바리케이드 건너편에 눈을 부라리며 주변을 감시하고 있었다.

중국 여객기에는 미국의 에어마셜(Air Marshall : 항공보안관)처럼 '안전원'이라 부르는 보안 승무원이 탑승한다. 미국의 항공보안관은 사복을 입지만 중국의 보안 승무원은 대부분 유니폼을 입는다. 오늘 탑승한 보안 승무원은 인민해방군 부사관 출신으로 쿵후보다 태권도를 더 좋아하는 잘 생기고 각 잡힌 친구였다. 내가 조종실에서 나온다는 보고를 받고 직접 주변을 감시하러 온 것이다.

내가 겸연쩍은 얼굴로 "하이" 하고 인사를 하자 승무원들과 보안 승무원이 웃으며 "니하오, 지장!" 하고 인사를 한다. 화장실 한 번 가는데 마치 1급 경호를 받는 기분이 들었다. 이렇게 절차가 거창하고 번거롭다 보니 객실이 한창 바쁜 시간에는 화장실 가기도 조금 미안하다. 하지만 단지 승무원들이 고마울 뿐 눈치를 봐야 할 정도는 아니다. 비행기의 안전과 보안이(조종사의 용변권을 포함하여) 무엇보다 우선이니까.

화장실에서 나와 다시 조종실에 들어가자 자리를 지키던 승무원이 장난스럽게 투정을 부린다.

"지장, 토일렛 쏘 퀵. 아이 원트 모어 레스트! (Captain, toilet so quick. I want more rest! : 기장님 용변 너무 빨라요. 저는 좀 더 여기서 쉬고 싶어요!)"

중국 본토의 칭글리시(Chinese-English)는 중국어를 닮아 매우 직설적이다. 처음에는 조금 상처를 받기도 한다. 동사를 쓸 때는 원형만 주로 사용해서 시제를 잘 구분하지 않는다. 중국에서 몇 년 일하면서 내 영어도 아주 많이 망가졌다.

🔘 화물기에서 화장실에 갈 때

글이 길어졌지만 이왕 말 나온 김에 부기장 시절 화물기를 타던 경험도 이야기해보자. 인천 출발 앵커리지행 화물기. 기장과 단둘이 심야 비행을 하던 중, 내가 정적을 깨고 기장에게 말을 걸었다.

"기장님, 배 안 고프세요?"

"난 괜찮은데. 뭐 좀 가져다 먹어."

"그럼 좀 다녀오겠습니다. 유 해브 에이티씨. (You have ATC : 항공관제 무선 교신 임무를 상대에게 넘긴다는 뜻. 한국에서는 이 용어를 많이 쓴다)"

밖으로 나온 김에 손도 씻을 겸 화장실에 먼저 갔다. 화물기를 오래 타다 보니 비행기에서 화장실 문을 열어 둔 채 용무를 보는 버릇이 생겼다. 비행기 안에 단 두 명밖에 없는데 한 사람은 조종실에 있어야 하니 문을 잠글 이유도 없었다. 그런데 의문이 생길 것이다. 앞서 설명했던 'Two-Crew Cockpit Rule'은 화물기에서는 지키지 않아도 되는 것일까? 조종실에는 항상 최소 두 명의 승무원이 있어야 하는데, 화물기라고 조종실에 한 명만 남겨두어도 되는 것인가? 화장실에서 손을 씻고 나와 음식을 데우려 오븐을 열고 있는데 갑자기 기장이 날 불렀다.

"지수야! 이리 좀 와 봐."

나는 얼른 조종실로 돌아와 무슨 일인지 물어보았다.

"여기 연료 펌프에 경고등이 켜졌다. 일단 체크리스트부터 해야 되겠다.”

나는 자리에 앉아 체크리스트를 펼쳤고, 쓰인 절차대로 조치를 했다. 다행히 큰 결함이 아니어서 계속 비행하는 데 문제가 없었다. 기장이 내 어깨를 토닥이며 말했다.

“잘했다. 이제 얼른 밥 가져다 먹어.”

이 정도면 눈치를 챈 사람도 있을 것이다. 그렇다. 화물 전용기에는 대체로 조종실 출입문이 없다. 물론 조종실 문이 있는 화물기도 많이 있지만 보통 한 사람이 조종실을 나오면 그냥 열어둔다. 안에서 큰 소리로 부르면 웬만해서는 밖에서도 다 들리고, 밖에서 얼굴을 쭉 내밀면 조종실 안이 훤히 보인다. 그래서 남은 조종사가 정신을 잃던, 반역자가 되던 문이 잠겨서 조종실에 다시 못 들어가는 일이 없다.

보안 점검은 비행기 출입문이 닫히기 전에 엄격하게 완료되었고, 이후 비행기 안에는 신원이 보증된 승무원밖에 없으니 보안을 위해 조종실 문을 잠글 이유도 딱히 없다. 따라서 화물기는 복잡한 여객기의 보안 절차를 적용하지 않으며 조종실을 드나드는 것이 매우 간단하다.

하지만 최근에는 화물기에도 반드시 조종실 문을 설치해야 한다는 의견이 점점 강해지고 있다. 이는 테러 때문이 아니라 위험한 화물에 노출된 경우(예를 들어, 유독성 물질이 새거나 대형 야생동물이 우리를 부수고 나온 경우 등), 위험물로부터 조종실을 보호하기 위한 목적이 크다.

화물기의 조종실과 객실 사이에 문이 없다고 조종사가 마냥 자리를 비울 수는 없다. 지금의 대형 비행기는 최소한 두 명의 조종사가 운항을 하도록 설계되어 있다. 그러므로 앞서 말한 규정처럼 조종사가 조종실을 이탈하는 시간은 최소한이어야 한다.

엉뚱한 질문이라 생각했는데 열심히 대답하다 보니 나도 궁금해졌다. 의사도 수술 중에 화장실에 갈까? 공연 중에 가수나 배우는? 간호사는? 버스 기사는? 각자 나름의 화장실 사용팁이 있겠지만 방광염으로 고생하는 간호사 이야기를 들으니 그냥 웃고 넘어갈 일은 아닌 것 같다. 사실 나도 비행 중에 가능한 화장실에 안 가려고 물도 덜 마시고 밥도 잘 안 먹는다. 그러고 보면 원하는 시간에 편하게 화장실에 갈 수 있는 것도 행운인 것 같다. 모두가 화장실 스트레스로부터 해방되는 그날까지 파이팅!

조종실에는 조종사 말고는 아무도 들어가지 못할까?

아니다. 비행 중에는 승무원이라면 누구나 들어갈 수 있다. 승무원이 아닌 사람은 사전에 허가를 받은 경우에만 들어갈 수 있다. 대표적인 예는 국토부 감독관, 외국 기관의 감독관 등이 있다.

지상에서는 승객을 제외하고 비행기 출입을 허가받은 사람들(출입 패스 소지자)은 모두 들어갈 수 있다. 예를 들면 정비사와 지상 조업 직원들, 미화원 등등.

조종사는 왜 제복을 입고 비행할까?

"…. (할 말 없음)"

정말로 내가 왜 유니폼을 입는 거지? 유니폼이란 것이 원래 적군-아군, 두목-부하를 구분하기 위해 입는 옷 아닌가? 전쟁하는 것도, 축구하는 것도 아닌데 그리고 옷에 아무런 기능도 없잖아. 게다가 비행기 타는데 웬 선장 복장? 혹시 코스프레?

"조종사를 포함해 비행기 승무원들이 유니폼을 입는 가장 큰 목적은 식별하기 위한 것이라고 생각합니다. 승무원들이 서로서로 쉽게 알아볼 수 있어야 비상상황에서 조직적으로 대처할 수 있고, 승객들도 승무원을 신뢰하고 따를 수 있을 것입니다."

일단 뻔한 대답부터 해놓고 보자. 그런데 기능성 1도 없는 이런 유니폼을 전통이라는 이유로 입어야 하는 이유를 딱히 모르겠다. 무엇보다 조종사 복장이 그렇다. 군인이나 경찰, 소방관이면 시민을 위해 봉사한다는 프라이드라도 있지. 우리 같은 회사원이 왜? 요새는 은행도, 코스트코도 모두 유니폼 안 입는다. 우리 회사 과장 부장 모두 꽃분홍 유니폼에 스마일 계급장 달아주고 싶다. 불평 그만하고 이야기 시작. 큐!

・・・

    민간 항공 운송이 처음 시작된 것은 1차 세계대전 이후다. 처음에는 우편물을 실어 나르는 화물 운송으로 시작했다. 그때만 해도 조종사들은 딱히 복장에 신경 쓰지 않았다. 대부분 기능성 좋고 따뜻한 공군 조종사 복장을 따라 입기 시작했는데, 그들이 입던 가죽 봄버 재킷(Leather Bomber Jacket)과 카키 바지, 두꺼운 가죽 부츠가 민항 조종사 유니폼의 시초가 되었다.

    장시간 고공을 날아가는 비행기에서는 추위를 이기기 위한 따뜻한 복장이 필수였다. 우리가 흔히 무스탕이라고 부르는 양털 재킷도 봄버 재킷의 일종이다. 어떤 조종사는 가죽으로 만든 장교용 트렌치코트를 입기도 했다. 봄버 재킷이나 트렌치코트는 바람을 막아주고 따뜻했다. 커다랗고 네모난 주머니가 달

제2차 세계대전 당시
영국공군(RAF)의 조종사 제복

해군장교 제복을 도입한
현대 민항공사의 조종사 제복

려 있어 지도 같은 것을 넣기도 좋았다. 카키 바지는 튼튼한 군
복 재질로 넓고 편하게 만들어졌다. 부츠도 발목까지 올라오는
두꺼운 가죽으로 만들어 춥고 거친 환경에 적합했다.

1차 대전 당시 전투기에는 조종실 유리 덮개인 '캐노피'가 없
어서 조종사들은 두꺼운 오페라 스카프를 둘렀다. 원래는 바
람과 추위를 견디기 위한 것이었지만, 적기를 찾기 위해 전 방
위로 목을 많이 돌려야 하기 때문에 목 주위에 상처가 생기지
않도록 보호하는 목적도 있었다고 한다. 스카프가 조종사들만
의 전유물은 아니지만, 일본 해군 조종사들이 태평양 전쟁 당

시 길고 하얀 스카프를 목에 둘렀고, 우리나라도 오래전부터 공군 전투 조종사들이 빨간 스카프를 매어 군가 '빨간 마후라' 처럼 그들의 상징이 되었다. 정리하자면, 주머니가 크고 따뜻한 봄버 재킷이나 항공 점퍼, 두꺼운 카키 바지와 발목을 감싸는 부츠 그리고 스카프가 조종사 복장의 오랜 전통이라고 말할 수 있겠다. 민간 항공의 시초가 우편 화물이어서인지 화물 전문 항공사인 UPS나 FEDEX 조종사들은 지금도 전통의 항공 재킷을 자주 입고 다닌다.

하지만 여객기 조종사들에게는 이런 전통을 찾아보기 어렵다. 흥미롭게도, 가만히 보면 이들은 하나같이 해군 장교처럼 보이는 제복을 입고 있다. 여객선 선장과 항해사가 해군 제복을 입는 것은 이해할 수 있지만, 어쩌다가 비행기에 이런 전통이 생긴 것일까? 그것은 바로 항공사의 선구자였던 미국의 팬암항공(Pan American World Airways)에 해답이 있다.

✈ 여객 운송의 선구자 팬암항공의 혁신

1920년대 후반부터 플로리다 키웨스트에서 우편 배달로 성공을 거둔 팬암항공은 1931년 남미와 카리브 지역을 왕복하는 국제 여객 운송을 시작했다. 이때 민항에서는 처음으로 항공기

여객 수송용 비행정

등록번호(자동차 번호판과 같은 것) 대신 '클리퍼(Clipper:쾌속 범선)'라는 애칭을 콜사인으로 사용했다. 팬암이 운항한 시코르스키 P-38, P-40 항공기가 물 위에서 이착륙하는 비행정(Flying Boat)이었기 때문이다.

콜사인(Call Sign)이란 무선 교신을 할 때 사용하는 호출 부호인데, '코리안에어', '재팬에어'처럼 항공사 이름을 가져다 쓰는 것이 보통이지만, '스피드버드(영국 항공)', '제너두(에어아시아X)'처럼 특별한 애칭을 사용하는 항공사도 있다.

클리퍼(Clipper)는 원래 19세기 후반에 유행했던 빠른 쾌속 범선을 의미하는데, 이때부터 모든 비행정을 대표하는 단어처럼 쓰였다. 이후에도 클리퍼는 팬암항공을 상징하는 별명이 되어 1991년 파산할 때까지 줄곧 콜사인으로 사용되었다.

팬암항공은 1937년 태평양 횡단과 대서양 횡단 노선을 각각 개척하고, 하와이와 유럽에 클리퍼 비행정을 띄우기 시작했다. 1939년에는 더욱 커진 보잉 B-314 클리퍼를 도입해 1등석까지 갖춘 미국-영국 간 정기 여객 노선을 출범했다. 본격적으로 여객기가 대양을 횡단하는 시대를 연 것이다.

팬암항공은 이때 처음으로 조종사들에게 해군 장교처럼 보이는 제복을 입게 했다. 그 당시 사람들에게 대서양 횡단 비행이란 빠르지만 위험해 보이는 것이었다. 부자들이 기꺼이 지갑을 열어 항공권을 사도록 유혹하기 위해서는 무엇보다 그들을 안심시켜야 했다. 팬암항공은 조종사들에게 기능성 좋은 조종사 복장을 버리고 대신 댄디(dandy)한 해군 장교복을 입게 해 승객들이 마치 배를 타고(특히 군함을 타고) 여행하는 것처럼 느끼게 하고 싶었던 것이다. 불안한 신기술인 '비행'을 전통 있고 신뢰를 주는 '항해'에 비유한 일종의 이미지 마케팅이었다. 결과는 대성공이었다. 그리고 모든 항공사들이 팬암 항공을 따라 조종사들에게 해군 제복을 입히기 시작했다.

팬암의 조종사 제복은 검은색 더블 블레이저 재킷과 검은 정장 바지, 흰색 셔츠와 검은 넥타이 그리고 윗부분이 희고 둘레와 챙이 검은 정모였다. 정말로 미 해군 장교와 똑같았다. 항공사에 따라 네이비색 제복이나 모자를 선택하기도 했지만 이 색

상도 이름에서 보면 알 수 있듯이 미국 해군사관학교 제복에서 유래한 색이다.

1980년대에 이르러서는 조금씩 변화가 생겨 싱글 버튼 재킷을 입는다거나, 화려하고 다양한 넥타이를 맨다거나, 모자를 쓰지 않는 항공사도 생겼다. 하지만 지금까지도 기본적인 모습은 크게 변하지 않았다.

 제복의 휘장과 장식

유니폼에는 여러 가지 휘장(Insignia)을 장식한다. 이것도 해군과 거의 비슷하다. 가슴에 다는 흉장은 주로 군인의 주특기와 자격을 표시하는데, 조종사를 상징하는 날개 모양 흉장을 흉내 내어 달았다. 양 날개 가운데는 부대 마크 대신 회사 로고를 넣었고, 자격을 갖춘 조종사에게는 로고 위에 작은 별을 달아주었다. 특히 기장(Pilot In Command)에게는 별 주위에 군대의 지휘관을 상징하는 월계수도 장식해주었다.

모자에도 휘장을 붙였는데, 지위와 소속을 상징하는 전통적인 군대 휘장 디자인에 역시나 항공사 마크를 그럴듯하게 섞었다. 지휘관을 상징하는 월계수는 모자에도 적용되어 자세히 보면 기장 모자챙에만 월계수가 장식된 것을 알 수 있다.

계급장도 해군의 것을 그대로 가져왔다. 재킷 소매에 장식하는 수장은 금색이나 은색 실을 꼬아 만든 줄을 달았고, 셔츠 어깨에 같은 재질의 줄로 장식한 견장을 달았다. 조종사(Pilot)를 해군의 함장처럼 캡틴(Captain : 해군 대령)이라고 부르며 네 줄을 달게 했고, 부조종사는 함장 다음 계급의 의미로 퍼스트 오피서(First Officer)라 부르며 해군의 커맨더(Commander : 해군 중령)와 같이 세 줄을 달게 했다. 조종사가 아닌 ACM(Additional Crew Member)이라고 부르는 승무원들(항공기관사, 항법사, 통신사)에게는 해군의 루테넌트 커맨더(Lieutenant Commander : 해군 소령)처럼 두꺼운 줄 두 개 사이에 얇은 줄을 하나 더 넣거나 그냥 루테넌트(Lieutenant : 해군 대위)처럼 두 줄을 달게 했다.

이런 엉뚱한 배경으로 지금의 전통이 시작되었다. 하지만 운송용 비행기의 발전 과정을 보면 납득이 가는 부분이 있다. 기술의 발전으로 비행기는 더 긴 시간 동안 더 많은 승객을 수송할 수 있게 되었고, 기내 환경은 점점 따뜻하고 쾌적해졌다. 척박한 환경에 어울리는 오리지널 조종사 유니폼보다 깔끔하고 믿음직해 보이는 지금의 해군 장교 유니폼이 더 설득력 있어 보이는 것을 부정할 수 없다.

항해와 비행은 유사한 점이 많다. 그래서 유니폼도 해군의 전통을 따랐을 것이라고 막연히 생각했는데 알고 보니 그것과 별로 상관이 없었다. 하지만 유래야 어떻든 조종사가 제복을 입는 것이 긍정적인 효과가 있는 것 같다. 조종사의 입장에서 보면, 비록 월급쟁이 회사원이지만 어쨌든 사람들의 안전을 위해 봉사(Service)한다는 책임감이 생길 수 있고, 승객의 입장에서 보면 조종사의 자격과 경력을 확인할 수 있으니 좀 더 안심할 수 있을 것이다.

'승리'와 '성공'이 전통을 만드나 보다. 90년 전 팬암항공의 성공이 조종사를 해군 장교로 둔갑시켰고, 이제는 대형 버스, 모범택시까지 장교의 모습은 모든 운송산업에 널리 퍼졌다. 기왕 이렇게 된 것, 나도 미 해군이 말하는 '사관과 신사'(An officer and a Gentleman)의 의미처럼 명예로운 품격을 갖추도록 노력하면 좋지 않을까.

조종실에서 본 가장 아름다운 광경

"조종실에서 본 가장 아름다운 광경은 무엇인가요?"라는 질문을 많이 받은 적이 있는데, 본문에 쓰기에는 내용이 너무 개인적이라 이 자리를 빌어 한번 답을 써보겠다. 깔끔하게 3위부터 1위까지. 큐!

Top 3를 열거하기 전에, 순위에 들지 못했지만 인상적인 몇 가지를 먼저 말해보겠다. 우선 첫 번째는 아마존강의 우각호였다. 나는 남미행 비행을 별로 많이 하지 않았는데 운 좋게도 리우데자네이로에 가면서 본 거대한 우각호가 정말 인상적이었다.

우각호는 S자형으로 구불구불하게 흐르는 강물이 오랜 침식과 퇴적을 반복하면서 깊게 꺾이는 부분이 강 주류에서 떨어져나가 주변에 쇠뿔 모양으로 호수가 형성된 것이다. 아마도 지리 시간에 배운 적이 있었겠지만 굳이 기억해내지 않더라도 하늘에서 보면 왜 이 호수가 생겼는지 한눈에 알아볼 수 있었다. 어디서나 하천이 흐르면 나타날 수 있는 현상이지만 아마존의 초록 밀림 사이에 뚜렷하게 보이는 큰 우각호는 정말 예뻤다.

두 번째는 오로라다. 오로라는 태양에서 날아오는 태양풍이 지구 자기장과 부딪힐 때 튕겨나가지 못한 잔여 입자가 자기장을 타고 극지방에 모여 방전을 일으키는 현상이라고 한다. 자전축인 진북과 자기장의 중심인 자북이 위치가 달라 북위 70도 부근에서 야간 비행을 할 때 가끔 보인다. 주로 뉴욕으로 비행을 다닐 때 야간에 캐나다 상공에서 자주 볼 수 있었는데 하늘에서 육안으로 보면 녹색이 뚜렷하지 않아 보통은 그냥 흰색으로 어른거린다. 아름답다기보다는 아주 신기한 광경이라고 할까.

세 번째는 백야에서 보는 일몰과 일출이다. 여름철 북유럽이나 북시베리아를 동서로 비행하다 보면 비스듬하게 해가 지평선 아래로 내려갔다가 포물선을 그리면서 저 뒤에서 다시 떠오르는 것을 볼 수 있다. 북극항로를 다닐 때도 해가 지는 그림자를 따라 남북으로 비행하면 해가 지평선을 들락날락하는 것을 가끔 볼 수 있지만 이 경우는 비스듬하게 지고 뜨는 게 아니라 비슷한 위치에서 내려갔다 올라왔다 하는데 신기하긴 하지만 장엄함(?)이 떨어진다.

이제 Top 3의 3위를 말해보겠다! 3위는 하와이다. 천천히 강하하면서 호놀룰루 공항에 접근할 때 제일 먼저 니하우섬과 카우아이섬을 지난다. 아직은 고도가 높지만 멀리 카우아이섬의 푸른 밀림과 와이메아 협곡을 볼 수 있다. 이어서 오하우섬을 북서쪽으로 돌면서 나타나는 쥬라기 공원처럼 가파른 산들, 퇴역 전함 미주리호(일본의 항복 조인식을 치른 바로 그 전함)를 비롯한 태평양 전쟁의 기념물들이 떠 있는 진주만을 지나 호놀룰루 공항에 착륙할 때까지 파노라마 필름처럼 움직이는 풍경들은 보고 또 봐도 질리지 않는다. 하와이를 아주 많이 다녔지만 지금도 가라고 하면 번쩍 손을 들고 싶다. 운 좋으면 덤으로 쌍무지개를 볼 수 있는 행운이 따르기도.

2위는 별-별-쇼다. 특히 나는 동쪽을 향해 비행을 할 때 새벽 밤하늘에 보이는 그믐달 월출을 무척 좋아한다. 가냘프게 얇은 그믐달이 수줍게 수평선 위로 떠오르는 모습은 정말 환상적이다. 사실 완전 그믐달보다는 하현달 쪽으로 하루 이틀 정도만 이르면 더 아름답다. 더 칠흑같이 어두운 하늘에 더 희고 밝게 떠오르기 때문이다. 막상 떠오르기 시작하면 생각보다 매우 밝아서 순간 '저게 뭐지?' 하고 쳐다보게 되는데, 수평선 위로 빠끔히 빛을 내보내는가 싶더니 어느새 바나나 껍질 벗듯 미끈하게 떠오른다.

2008년에는 그믐달은 아니었지만 초승달이 금성과 목성과 함께 절묘하게 정대하면서 스마일 모양으로 저녁 하늘에 나타난 적이 있었다. 운 좋게도 난 동남아로 비행을 가다가 그 광경을 직접 볼 수 있었다. 완전히 해가 지고 노을까지 사라진 하늘에서 본 것은 비록 잠시였지만, 서쪽을 정면으로 바라보면서 비행하니 VIP석이 따로 없었다. 초승달은 해가 지면 곧 따라 지고, 그믐달이 뜨면 잠시 후 해가 따라 뜬다. 도시 사회를 살면서 사람 사는 데 별 영향이 없다 보니 달이 언제 뜨고 어떤 모양인지 관심이 없다. 어느 날은 둥글고, 어느 날은 가늘고. 어느날은 있다가, 또 어느 날은 없고. 하지만 비행을 하다 보면 달만 한 친구가 없다.

두구두구두구…나에게 대망의 1위는 명백하다. 2위, 3위와는 상대가 되지 않을 정도로 확실한 1위다. 바로 히말라야 산맥이다. 나는 중동의 두바이와 제다 그리고 아프리카 나이로비로 갈 때 히말라야를 건너는 항로를 비행했었다. 구름이 없는 히말라야는 정말 장관이다. 눈에 덮힌 봉우리들이 마치 손에 잡힐 듯하고, 해발 8,000미터가 넘는 히말라야 14좌를 찾는 재미는 덤이다.

이 항로를 그리 자주 비행하지 않다 보니 히말라야를 건넌 기억은 모두 생생하지만, 그중에 가장 잊지 못할 순간은 바로 보름달 아래에서 구름 한 점 없는 히말라야를 넘었던 순간이다. 딱 한 번 경험했다.

멀리 수평선 근처에 희끗희끗한 것들이 보이자 구름인 줄 알고 바깥을 경계하고 있었는데, 점점 또렷하게 다가오는 광경을 보고 그만 입이 떡 벌어졌다. 보름달 아래 환하게 비친 하얀 봉우리들이 두 팔 벌려 잡아먹을 듯 다가오고 있었던 것이다. 봉우리 정상은 내 순항 고도와 불과 2,3천 미터 정도밖에 차이가 나지 않으니 정말 가깝게 느껴졌다. 환한 보름달은 하얀 봉우리들을 차갑게 비추고 있었는데, 날카롭게 깎아지른 봉우리에 가려진 달빛 그림자가 마치 펜으로 그려놓은 것 같았다. 아름다움을 넘어 두려움마저 느끼게 해준 그 광경을 지금까지 조종실에서 본 가장 아름다운 모습으로 꼽을 수밖에 없다. 비교 불가로.

내 개인에 대한 질문과 대답을 딱 하나 골라 책을 마무리해보

앗다. 별다른 의미는 없고, 책을 쓰면서 여러 가지 질문들에 대한 답을 생각하다 보니 나 스스로에게도 뭔가 묻고 싶은 질문이 생겼다. 대부분 이미 이전에 받았던 질문들이었지만, 그것들이 이제 와서 스스로 궁금해진 것이 조금 신기했다. 위에 질문뿐만 아니라 "조종사가 되어서 후회한 적은?", "비행하면서 가장 기뻤던 순간 혹은 뜻깊었던 순간은?" 등등은 아직도 답을 찾지 못했다. 여기 끄적인 "조종실에서 본 가장 아름다운 광경은?"이란 질문은 그중에 쉬운 편이었지만 이것도 한참을 고민한 후에야 자신 있게 결론을 낼 수 있었다. 1위는 처음부터 분명했지만, 그 와중에도 '아니야, 더 멋진 게 있었을지도 몰라'라며 오랜 사진들까지 뒤적이며 낡은 기억을 더듬어보았다.

어려운 질문들이 아직도 많다. 그리고 질문이 개인적일수록 답변은 더 어렵다. 속 보이게도 만만한 질문들만 골라서 본문을 쓴 것 같아 조금 쑥스럽다. 비행은 알면 알수록 재미있고 상상하면 상상할수록 마음 설레는 것인데, 뭐라고 한마디로 정의하기에는 아직 나의 내공과 역량이 턱도 없이 모자랄 뿐이다. 그럼에도 불구하고 이 책을 출판할 수 있도록 도와주신 주변의 모든 분들과 출판사 관계자분들께 감사드린다.

베테랑 조종사가 들려주는 _아찔하고 디테일한 비행기 세계

비행기에 관한 거의 모든 궁금증

초판 1쇄 펴낸날 │ 2024년 5월 20일
2쇄 펴낸날 │ 2024년 9월 30일

지은이 │ 신지수
펴낸이 │ 안동권
펴낸곳 │ 책으로여는세상

책임편집 │ 김선영
디자인 │ design_Luna

출판등록 │ 제2012-000002호
주소 │ 경기도 양평군 강상면 강상로 476-41
전화 │ 070-4222-9917   **팩스** │ 0505-917-9917
E-mail │ dkahn21@daum.net

ISBN 978-89-93834-61-1 (03550)

좋·은·책·이·좋·은·세·상·을·열·어·갑·니·다